KB272183

우리 동네
슈퍼!
마켓!
SUPER! MARKET!
SUPER MARKET

# 우리 동네
# 슈퍼! 마켓!

## SUPER! MARKET!

김애진 지음

과도한 친절도, 빈틈없는 진열도, 24시간 열려 있는 편리함도 없다.

그럼에도 사람들의 마음을 사로잡는 동네 마켓들의 치명적인 매력

봄엔 SPRING & SEE

PROLOGUE

"이번 책에는 지금 대한민국에 존재하는 작은 동네 속,
작은 가게들에 대한 이야기를 실을까 해요."


"작은 가게는 많은데요?"


"잘 꾸려나가는 가게는 많지 않죠."


"그렇죠. 그런데 잘 꾸려간다는 기준은 누가 정하는 걸까요?"

NEW ARRIVAL
CaféSi
CaféSi
3

"그곳을 찾는 사람들이죠,

결국. 동네마다 서너 개씩은 꼭 있는 원조 '슈퍼마켓'은

그 많은 물건들을 한 곳에 모아놓고 판매한다는 점이 SUPER!였겠죠.

하지만 시대는 또 변했어요.

지금은 어떤 곳이 SUPER! 마켓인지 다시 생각해봤어요.


슈퍼맨을 떠올려 보면 어떨까요?

영화 속 슈퍼맨은 늘 정의롭고 강하고 따뜻해요.

친하게 지내고 싶죠.

우리 시대, 우리 동네에도 그런 SUPER! 마켓이 분명 있어요.

많은 사람들은 그곳을 이미 알고 있고, 찾아가고 있거든요."

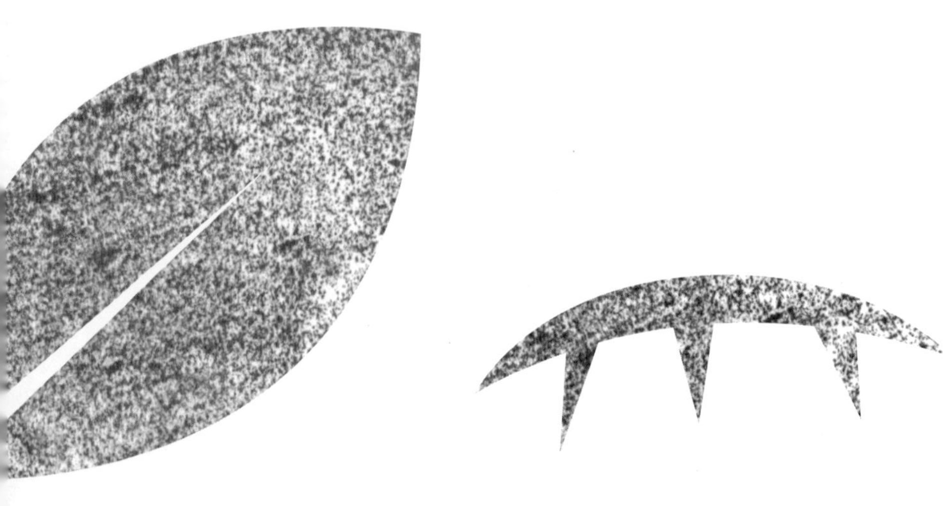

OUR TOWN
SUPER! MARKET!

# 브레드! 마켓

**PART 1** bread! market



# 슈퍼! 마켓

**PART 2** super! market



+ 우리나라 슈퍼! 마켓!

# 오픈! 마켓

**PART 5** open! market



# 제주! 마켓

**PART 6** jeju! market

# 브레드! 마켓

**PART 1** bread! market

# 서울시
# 영등포구
# 국제금융로 86

## _브레드피트

"직접 빵을 만들지는 않지만, 빵의 삶을 자세히 들여다보곤 해요.
숙성을 거쳐 굽고 정성껏 포장해서 가게를 떠나 손님의 손으로 전달되기까지
어느 하나도 놓치지 않고 바라봅니다.
이야기를 발견하고 재미있게 만들어 가는 게 중요해요.
그러면 삶이 풍요로워지죠.
잘 발효시킨 반죽이 조금씩 부풀어 올라 마음까지 행복해지는 빵이 되는 것처럼요.
빵도 인생도 기다림이에요.
이야기가 스며들어 새로운 이야기가 될 때까지요."
순수한 마음으로 빵을 기다리며,
커피콩을 세심하게 로스팅하는 한 남자를 만났다.
그는 삶과 꿈 그리고 과거와 지금을 이야기했다.

## 어느 지하상가에서 시작된 이야기

첫걸음이 힘들다. 인터넷 검색으로는 여기가 맞는데 아무리 봐도 없다. 건물 앞에 서서 입점 가게들의 이름이 적혀 있는 입간판을 몇 분이나 샅샅이 찾아봤지만 없다. 심지어 새로 붙인 스티커 뒤에 있을까 살짝 긁어 보아도 찾을 수가 없었다. 전화를 했다.

"죄송하지만, 브레드피트를 찾을 수가 없어요!"

익숙한 듯한 직원의 반응과 설명에 따라 지하 1층으로 내려갔다. 그럼에도 또 한 번 골목을 뒤지듯 한참을 헤맸다. 드디어 에스컬레이터 앞에 자리한 가게를 발견했다. 신기루를 찾은 것마냥 반가운 마음에 발걸음을 재촉했다. 헉~ 동네 빵집이 왜 이리 꽁꽁 숨어 있는 거지?

건물의 지하 1층은 어둡다. 낮과 밤의 중간 밝기에 쉽게 익숙해지지 않는다. 지금은 그나마 깔끔하게 단장한 카페며 밥집들이 들어섰지만 브레드피트가 처음 오픈한 2009년만 해도 내부를 들여다볼 수 없는 다방 겸 술집들이 자리했다. 이렇게 어두침

— **동네** 국제금융로(여의도동)

브레드피트가 있는 건물은 지하철 여의도역과 샛강역 사이에 자리한다. 멀지 않은 곳에 KBS 별관과 MBC가 자리하고 조금 멀리는 63빌딩이 보인다. 증권가가 모여 있어 국제금융로라는 도로명 주소를 가지고 있다. 주말보다는 평일. 오후보다는 오전이 더욱 북적거리는 동네다. 큰길가에는 카페들이, 골목골목에는 식당 겸 술집이 즐비하다.

**지하철** 5호선 여의도역 · 여의나루역. 9호선 샛강역

— **마켓** 브레드피트 Bread Fit

건널목조차 없었던 건물의 지하 1층에 브레드피트가 문을 연 것은 2009년 봄과 여름 사이였다. 온라인을 통해 빠르게 입소문이 퍼졌고 지금까지도 최고의 소통 공간으로 온라인을 활용하고 있다. 이제는 멀리 사는 고객도 착불 퀵을 통해 이곳 빵을 찾는다. 매일 로스팅하는 커피도 유명하다. 영화감독인 주인은 2014년 가을, 이곳의 이야기를 단편영화로 제작했다. 이름하여, 〈take out〉.

**주소** 서울시 영등포구 국제금융로 86 롯데캐슬아이비 지하 1층
**전화** 02-782-0102 **홈페이지** www.breadfit.co.kr **트위터** @coffeeFIT

침한 곳에 빵집을? 부동산 업자도, 심지어 가게를 계약한 주인도 어리둥절해했다. 돈이 없으니 어쩔 수 없었다. 무한 긍정 에너지를 십분 발휘하기로 마음을 단단히 동여맸다. 구석으로 내몰린 상황은 때로는 뜻밖의 행운을 불러온다. 아이디어를 쥐어짰다. 그때부터 브레드피트의 이야기를 온라인을 통해 알리기 시작했다. 뚝딱뚝딱 공간을 꾸미고, 조금씩 변해가는 지하 매장의 향기를 인터넷 공간에 퍼트렸다. 처음부터 대단한 효과가 있는 것은 아니었지만 그렇다고 걱정도 하지 않았다. 다만 지금 해낼 수 있는 일을 할 뿐이었다.

온라인으로 퍼진 소문이 곧바로 매출로 이어지지는 않았다. 온라인은 시공간을 넘는 훌륭한 세상이지만 그것이 되레 지역적 한계가 될 수도 있다. 오픈하고 직접 브레드피트를 구경하는 사람들은 이 지하상가로 밥을 먹으러 오는 지역 손님들이었다. 지금까지도 동고동락하는 바로 옆집, 수타 중식집이 절대적인 이웃이다. 함께 커나갈 수 있었던 원동력이자 든든한 사촌이었다. 장사는 결코 혼자 하는 것이 아니다. 지하 매장의 조명은 여전히 은은하지만 술집이 하나둘씩 사라지고 훌륭한 한 끼 식사

와 달콤한 디저트, 쌉쌀한 커피까지 점차 밝은 분위기의 가게들이 들어섰다. 주변이 달라지기 시작하면서 이곳의 주인은 새로운 이야기를 꿈꾸기 시작했다. 이곳을 어른들을 위한 놀이동산으로 만들겠다고.

안으로는 브레드피트만의 빵 맛을 위해 고군분투했다. 동네 사람들의 취향을 연구하고 우리만의 빵을 굽기 위해 치열하게 연구했다. 그렇게 탄생해서 지금까지 맥을 이어가는 빵과 커피 메뉴는 제각기 특별한 히스토리를 담고 있다. 때로는 계획적으로, 때로는 우연이 가져다준 선물 같은 빵도 있다. 귀하게 태어난 자식 같은 메뉴들은 특별한 관리를 받는다. 커피는 당일 로스팅만을 원칙으로 한다. 빵은 당일 생산으로 판매할 분량만 굽는다. 잠시라도 먼지가 쌓이지 않도록 매장 안쪽으로 모셔 둔다. 쇼케이스 안에 진열된 제품은 모두 샘플이다.

세 번의 위기를 넘기고 상가 중앙에 베이킹 오픈 스튜디오를 확장, 운영하고 있는 지금은 비교적 안정적이다. 언제까지 현상 유지가 될지, 현재 상황이 하강기인지, 상승 무드를 타고 있는지는 생각하지 않는다. 다만 브레드피트에서 일하는 10여 명의 직원이 구워내는 행복한 이야기는 오늘도 계속된다.

# 이야기 만드는 남자

빵 만드는 모습을 볼 수 있냐는 질문에 이 남자. 적잖이 당황해한다.

"저, 커피 로스팅하는 사람이에요."

그럼 바리스타냐고 물었더니 고개를 갸우뚱하던 그의 얼굴에 알 듯 말 듯한 미소가 떠오른다. 나무 무늬의 안경 중앙을 살짝 밀어 올리며 무언가 결심한 듯 말을 이어간다.

"전 영화 하는 사람입니다. 영화감독이죠."

알고 있었다. 다만 브레드피트에서 이곳 이야기만 하고 싶었다. 가게를 하기 전에 무슨 일을 했는지는 중요하지 않다고 생각했다. 결혼 전 배우자의 과거를 묻지 않는 예의랄까. 하지만 그가 자신의 얘기를 하기에 과거 이력을 건너뛰기에는 무리가 있었다. 그의 이야기를 들어보자.

영화만으로 먹고살기 힘들어 가게나 하나 해볼까 하는 가벼운 마음이었다. 거기다 어느 전문가에게 커피에 재능이 있다는 말까지 들었던 차였다. 그렇게 커피와 빵을 결합시켜 가게를 준비했다. 이야기를 만드는 사람이다 보니 자연스레 매장 곳곳에 이야기를 심었다. 초창기에 손님이 없을 때도 가게 앞에 앉아 지나는 사람들의 이야기를 상상했다. 관심을 가지면 어떤 것이라도 소중한 이야기를 들려주었다. 흐르는 시간과 함께 이곳에서 물건과 공간 그리고 사람을 배우게 되었다.

"영화와 가게가 이렇게 연결될 줄은 몰랐어요. 막연히 투잡으로 생각했거든요. 하지만 지금은 함께 만들어 가는 꿈이죠. 아무리 힘들어도 이 공간에서는 즐겁고 행복할 수밖에 없어요."

공간이 더 넓어진 지금. 카페나 체인점 같은 것으로 확장할 생각이 없는지 물어보았다.

"아니에요. 그건 또 다른 사업이에요. 저는 온전히 빵과 커피에만 집중하고 싶어요. 공간에 대한 사업은 제 것이 아니라고 생각해요. 할 수 있는 것만 욕심을 부려야 해요."

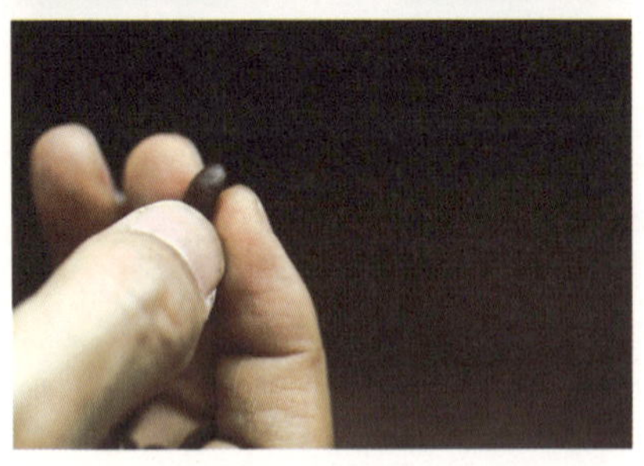

# 그 마켓에 그 물건



가게를 오픈하기 전 셰프와 대표는 그날의 빵을 점검한다. 향을 맡고 만져보고 썰어본다. 무언가 조금이라도 문제가 있다고 판단되는 빵은 과감히 버린다. 손님에게 최고의 빵을 제공하겠다는 나름의 신념이고 의지다. 이곳의 빵은 크기가 작은 편이다. 부족한 것이 가장 좋은 맛을 보여준다는 믿음에서다.

### 프랑스 시골빵

천연 발효종을 사용하는 대표 호밀빵으로 무화과와 호두가 들었다.

### 녹차 데니시

브레드피트만의 파이 반죽으로 만든 데니시와 그 속에 가득 든 녹차 크림, 알알이 씹히는 팥알의 반전

### 우유 크림빵

브레드피트만의 노하우로 매일 만드는 크림과 하얀 반죽이 만들어 낸 결정체, 풍성한 맛의 크림과 쫀득하면서 부드러운 빵 맛으로 자타공인 인기 1등.

### 슈크림

바닐라, 녹차, 초콜릿 맛은 기본, 딸기나 파인애플 같은 계절 과일을 넣기도 한다. 겉은 바삭하고 안은 달콤하며 부드럽다.

### 통밀빵

국산 통밀과 독일산 유기농 호밀을 사용하고 천연발효종을 넣었다. 염분이 가장 낮은 빵이다.

### 커피

매번 다른 원산지의 좋은 커피콩을 매일 직접 로스팅해 판매한다.

# -슬로우브레드에버

버스가 오지 않는 길을 뚜벅뚜벅 걷고 있었다.
어느 운전자가 차를 세우며 태워주겠다고 말했다.
스스럼없이 "감사합니다!"를 외치며 차에 올랐다.
이런저런 이야기를 나누다가 운전자가 물었다.
혼자 하는 여행도 그렇지만 히치하이킹이 무섭지 않느냐며.
차에서 내린 다음 한동안 생각했다.
우리는 언제부터 주변의 도움을 의심하고 배려를 오해하고
미소를 두려워하게 된 것일까?
안타깝지만 그것이 현실이다.
언제부터인가 우리는 상식 밖의 것이 상식인 세상,
입에 들어가는 것조차 걱정하는 일상을 살고 있다.
슬로우브레드에버를 찾은 날, 이 무거운 질문과 마주했다.
먹거리에 안전이라는 단어가 왜 필요한지 모르겠다고 말하는 주인을 만난 것이다.

기본의 재발견 | 슬로우브레드에버의 주인은 힘든 일을 즐긴다. 클라이밍 같은 스포츠를 하고, 망치를 두드리며 목공 작업에 열중하기도 한다. 오랜 역사를 지닌 것들을 좋아하고 근본적인 무언가를 찾는 것에 일부러 골머리를 썩기도 한다. 증권회사의 프리랜서 프로그래머로 일했던 주인이 처음으로 장사를 시작하고 여전히 공부 중인 빵을 선택한 것도, 힘든 일을 두려워하지 않는 그녀의 성향에서 비롯되었으리라.

"빵집은 쉬는 날이 없어요."

가게 문을 닫는 날 만나는 게 좋지 않겠느냐고 묻는 내게 그녀는 이렇게 말했다. 빵을 만들려면 반죽을 해야 하고, 반죽은 보통 숙성 시간을 거치니 내일 장사를 하려면 오늘도 일해야 한다. 직원을 하루도 쉬지 않고 일하게 할 수는 없는 노릇이었다. 그녀는 가게 문을 닫고 홀로 내일을 위한 준비 작업을 한다. 그래도 영업을 쉬는 날이 그

— **동네 옥인길**(누상동)

이 동네 사람들 좀 다르다. 서울 사람이 맞나 싶다. 호기심이 많다. 뭉치기 좋아하고 애정 깊은 간섭이 서슴없다. 아직 오픈하지도 않은 가게 문 앞에 '언제부터 열어요?' '빵 냄새만 자꾸 풍기네요?' 같은 쪽지를 붙여놓는다. 영업을 시작한 피자 가게에 빵집 주인이 찾아가 식사를 한다. 옆집 이야기를 이 집에서 하고, 이 집 이야기를 옆집 가서 또 한다. 나쁜 말이 전해지면 파열될 테지만 여전히 똘똘 뭉친 것을 보면 소소한 삶의 이야기만 공유한다는 확신이 든다. 개인적이면서도 공동체적인 주민들이 있는 동네. 그래서 개성 넘치는 가게들이 공동 운영되고 있는 느낌이다.

**지하철** 3호선 경복궁역

— **마켓 슬로우브레드에버** slow bread EVER

복덕방을 통해 빵집이 오픈한다는 소식이 골목에 퍼졌다. 오픈 전부터 기대를 한몸에 받았다. 영업을 시작하자 어린아이들이 천 원 한 장 들고 쇼핑 놀이를 즐기는가 하면, 할아버지 할머니는 빵 한 봉지를 들고 가신다. "나중에 돈 줄게" 하는 한마디를 남기고. 쉬는 날 빵을 사러 왔다가 '아, 깜빡했네' 하고 돌아서다 앞집 주인과 인사를 나눈다. 빵집을 오픈한 지 3년 차. 오전 11시부터 오븐에서 나오는 빵들은 선반에 미처 자리를 잡기가 무섭게 빠른 속도로 팔려 나간다. 갓 나온 빵은 종이봉투에 담아준다. 습기가 차서 빵이 눅눅해지는 것을 방지하기 위해서다.

**주소** 서울시 종로구 옥인길 8 **전화** 02- 734-0850 **트위터** @slow_bread_ever

나마 짬을 낼 수 있다는 것이 그녀의 이야기다.

가게가 있는 이 골목은 홍차를 즐겨 마시는 주인이 지금은 사라진 찻집에 들르기 위해 항상 오가던 길이다. 당시만 해도 오로지 홍차만 생각했지, 자신이 이곳에 터를 잡으리라는 생각은 하지 못했다. 장사는 엄두조차 내지 않았다. 공간을 처음 마련할 때도 그저 하고 싶은 빵을 뼛속까지 파헤쳐보자 생각했다. 제과학교를 졸업하고 빵에 빠져 지내던 터였다. 개인 작업 공간이 필요했다. 주변에서 이왕지사 월세 내는 거, 본전이라도 뽑으라며 장사를 부추겼다. 뜻밖의 장소에서 계획 없이 빵 장사를 시작한 셈이다. 모든 것이 처음이며 무계획하게 보이지만 슬로우브레드에버는 마니아를 확보할 정도로 빠르게 성장했다.

그녀에게는 어떠한 주도면밀한 계획보다 확실한 습성이 있다. 기본, 근원, 본질에 대한 지적 호기심이 바로 그것이다. 한번 해보기로 한 것에 깊은 속내를 들여다보는 일은 꽤나 힘들지만 동시에 매우 즐거운 일이기도 했다. 프로그래머였을 때는 가상 세계와 현실을 잇는 통역사 역할을 해왔다. 서로 다른 언어를 상대가 알아들을 수 있도록 바꾸는 작업의 기본은 근본적인 것에 대한 이해였다. 직접 만지고 맛보고 느끼고 싶어 정착하게 된 현실세계에서도 꼭 필요한 작업이다. 모든 요리에 관심이 많지만 유독 빵을 곁에 두기로 한 것도 빵은 그 자체로 완전하기 때문이었다. 빵은 어떤 요리의 재료가 되기도 하고 빵만으로도 든든한 식사가 된다. 빵의 근본에 대한 젊은 감각의 연구는 에버만의 빵을 만들어 냈다. 에버의 빵은 단순하다. 그저 기본을 지킬 뿐이라고 주인은 설명했다. 그것이 당연한 것이다. 좋다 나쁘다로 얘기할 필요도 없다. '안전한' 혹은 '건강한'이라는 형용사도 필요없다. 빵은 빵이면 되기 때문이다.

언제부터인가 빵 만드는 사람이 되고 싶은 아이들이 많아졌다. 에버에도 숙제를 해야 한다며 아이들이 찾아온다. 그 아이들은 "빵을 만들려면 어떻게 해야 돼요? 어디에서 배워요? 여기서도 할 수 있어요?" 등등을 묻곤 한다. 그러면 에버의 주인은 말한다. "아직은 그냥 놀아. 아니면 책을 읽고 공부를 하든지. 지금 너희가 해야 할 일을 하고, 빵은 나중에 시작해도 된단다." 놀면서 공부하면서 무엇이 옳은지를 배운다면 어른이 되어서 만드는 그 빵은 당연히 기본을 지킬 것이라고 말이다. 빵이 아닌 다른 어떤 일을 하든지 간에.

# 운 좋은 여자

어떻게든 힘든 속내를 털어내 보세요 하는 심정이었다. 중간중간 나는 날카로운 척 눈을 굴리며 질문했다. 그러나 어김없이 돌아오는 그녀의 대답은 "운이 좋은 편이죠"가 전부였다. 이건 뭐, 겸손이랄까. 그런데 그녀는 그것이 사실이란다. 3년이 지나는 지금에서야 이제, 막, 조금 알게 된 것이 많다고 설명했다. 육체적, 정신적으로 힘든 일들이야 수두룩하지만, 그녀는 양어깨를 들었다 놓으면서, 자신은 꽤나 운이 좋은 사람인 것 같다고 되풀이했다.

"욕심은 그저 재료에만 있어요. 음식을 만드는 사람은 기본적으로 이타적이에요. 자신이 만든 음식을 다른 누군가가 먹으니까 늘 다른 이들을 생각할 수밖에 없어요. 그러다 보니 자연스레 재료에 욕심이 생겨요. 좋은 것만 가득 넣고 싶죠. 누군가가 만든 음식을 먹고 정말 행복해서 한동안 말을 못 이을 때가 있어요. 그런 감동이요. 좋은 재료를 쓰고 기본을 지키는 것이 저의 임무라고 생각해요."

꽤 오랜 시간 기본에 대해 이야기하다 보니 그녀가 욕심이라고 말하는 재료 역시 기본이라는 생각이 들었다. 그녀 역시 동감했다. 그녀에게 완벽을 추구하는 편인지 물었다. 그녀는 아니라고 대답했다. 대화가 끝날 무렵 다시 말했다. 내 생각이 맞는 것 같다고. 그녀는 완벽을 추구하고 있었다. 그녀가 선택한 것. 그러니까 빵이라는 것에 온 정성을 들여 완벽에 가까워지려 애쓰고 있었다. 결국 기본을 지키는 것이 완벽이라는 것을 새삼스레 깨달았다.

그녀의 빵이 말해주고 있다. 우리는 모두 운이 좋을 수 있다. 마음먹기 나름이다. 그것이 기본이고 당연한 것이다라고.

재료가 풍성하지 않던 시절 최초의 빵이 있었다. 시대의 흐름을 타고 여러 종류의 제빵이 늘어갔다. 이곳의 빵은 다시 기본으로 돌아간 메뉴들을 주로 내놓는다. 그냥 먹어도 좋고, 요리를 해서 먹어도 좋다. 사람들은 이런 빵을 식사빵이라고 말하지만, 주인은 그냥 빵일 뿐이라고 말한다.

# –박종근과자점

한번도 후회한 적 없다는 것은 거짓이다.
세상에 대해 불만이 없다는 것 역시 마찬가지다.
왜 나에게만 이런 시련을 주냐고 밑도 끝도 없이 항변했던 적도 많다.
하지만 분명한 건, 불행은 뭔가에 핑계를 댈 때만 찾아온다는 것이다.
스스로에게 늘 선택권을 주었고 충분히 고민한 다음 결정했다.
무언가를 선택하기 위한 포기도 마찬가지다.
포기한 것에 미련이 뒤따르는 것은 어쩔 수 없지만 그것을 붙들어 두지는 않는다.
흘러 들어온 감정은 또 그렇듯 흘러 나간다. 모든 것은 자신의 책임이다.
할 말이 없다는 남자를 만났다. 나 역시 별다른 질문이 없었다.
당신이 먼저 입을 여시오, 하는 눈빛으로 웃으면서 애매하게 바라볼 뿐이었다.
그는 내 머릿속에 들어왔다 나간 사람처럼 말했다.
"제가 선택한 것에 책임을 지고 있을 뿐이에요."

제과제빵이라는 단어가 그렇다. 빵이 있고 과자가 있다는 말이다. 제과점에서 파는 모든 것이 빵인 줄 알았지만 뒤늦게 빵과 과자가 나뉜다는 것을 알았다. 그래서 제과제빵인 거다. 가게 이름을 보면 그곳의 주 종목을 알 수 있다. 박종근과자점은 빵도 파는 과자 전문점이다. 2014년 4월에 지금의 간판으로 새롭게 달았지만 내가 찾아갔을 때는 그간의 시간이 그대로 묻어나는 옛 간판이었다. 지나온 시간에 대한 믿음이 담겨 있었다.

"이제 간판을 바꿀 때가 된 것 같아요."

안주인이 무심하게 말했다. 간판을 바꿀 때가 되었다는 것은 가게의 제2막을 시작할 때라는 것을 의미하리라. 자신의 이름을 걸고 만드는 제과제빵을 유지하기 위해서는 새로운 계기가 필요하다. 도전은 한결같다. 처음 가게를 낼 때부터 아니 어쩌면 주인

— **동네 신반포로**(반포동)

구주소로 반포동이다. 가게가 있는 4차선도로는 동작구에서 서초구로 넘어가는 구간이기도 하다. 많은 가게들이 길게 늘어서 있다. 도로 뒤편으로는 3,590세대, 건너편에는 7,643세대의 아파트 대단지가 있다. 빵집과 빵을 곁들여 파는 카페까지 더하면 이 거리에 빵을 판매하는 곳만 족히 열 곳은 된다. 끊임없이 가게들의 업종과 주인이 바뀌었다. 주인이 매장을 지키는 곳보다 아르바이트생이 문을 열고 닫는 곳이 많다. 구반포와 신반포라는 어정쩡한 시대의 중심에서 고스란히 변화의 기로에 놓여 있는 대로변이다. 그럼에도 그 시간과 공간을 지켜 나가는 소중한 가게들도 많다. 지역 주민들에게 우리 동네 가게라는 믿음을 심어주는 곳을 찾아볼 수 있다.

**지하철** 9호선 구반포역

— **마켓 박종근과자점**

아이는 어느덧 중학생이 되었다. 안주인의 배가 불룩했을 때 주인은 빵집을 열기로 결심했다. 가겟세가 비교적 저렴한 골목 안쪽에 자리 잡지 않고 조금 무리해서 대로변으로 나왔다. 오가는 사람들보다 동네에 살고 있는 사람들을 주 고객으로 정하고 주민들에게 인정받는 빵집이 되자는 것이 욕심 아닌 욕심이었다. 단것을 좋아하지 않는 주인의 입맛 그대로 이곳의 빵은 설탕이 훨씬 적게 들어간다. 대신 좋은 재료를 듬뿍 넣었다. 동네 주민들에게 인정받고 오래지 않아 다른 지역민들도 찾아오기 시작했다. 그렇게 아이도 가게도 커가고 있다.

**주소** 서울시 서초구 신반포로 38 **전화** 02-599-4295

이 빵을 좋아하게 된 것부터가 인생의 도전이었을지도 모른다. 자신과 자신의 선택만을 믿고 시작했으니 말이다.

자신의 이름을 빵집 간판으로 내거는 것이 한때의 트렌드였다. 하지만 그 유행이라는 것을 따르던 많은 주인이 공장화 시대에 밀려 문을 닫아야만 했다. 한번 불어친 바람은 금세 성을 쌓았지만 얼마 지나지 않아 흔적도 없이 사라졌다. 우리나라 빵 역사의 시작은 일본이다. 일본에서 먼저 시작된, 빵이라는 식문화가 일본식으로 변형되고 나서 한국으로 들어왔다. 일자리를 찾아 헤매던 젊은이들은 일본인이 운영하는 빵집으로 들어가 일본식 빵을 위한 기술을 전수받았다. 같은 반죽에 팥을 넣으면 단팥빵, 크림을 넣으면 크림빵 등이 그러했다.

독립 후 일본인이 물러가고 빵 기술을 습득한 젊은이들만 덩그러니 남겨졌다. 그들이 할 수 있는 것이라고는 빵 만드는 일이 전부였다. 당시의 정치적 영향도 없지 않았다. 밀가루와 설탕을 원조 받았으니 빵을 만들라고 부추긴 것이다. 가진 것 없는 이들이 자신의 이름을 내건 빵집을 내는 것은 지금이나 그때나 쉽지 않은 일이었다. 대부분 그나마 가겟세가 저렴한 도로나 주택가 안쪽으로 자리를 잡았다. 말 그대로 동네 빵집인 것이다. 인건비를 아끼려면 홀로 일해야 했고 소규모로 운영하다 보니 재

료의 질이 떨어질 수밖에 없었다. 그러다 동네 슈퍼마켓에서 대량생산된 저렴한 봉지빵이 날개 돋친 듯이 팔리기 시작했다. 많은 동네 빵집이 문을 닫아야만 했다. 시대의 바람에 흔들리기는 했어도 부러지지 않은 몇몇 빵집만이 지금까지 굳건히 뿌리 내리고 있다.

박종근과자점이 그러하다. 주인의 가장 현명한 선택은 동네 안쪽 골목이 아니라 도로변에 자리를 잡은 것이다. 주인의 욕심은 과하지 않았다. 다만 주인은 하루도 쉬지 않았다. 그건 지금도 마찬가지다.

몇 번이나 빵집을 찾는 동안 문득 새벽에 문 여는 모습이 보고 싶었다. 아침 6시, 붉은 기운의 아침 공기가 땅 위에 내리는 무렵, 몇 가지 과자를 제외하고 텅 빈 매장의 문을 여는 주인을 만났다. 사진을 촬영하고 돌아가려는데 주인이 빵이 담긴 봉지를 내밀었다. 혼자 먹기에는 너무 많은 양이었다. 다행히 취재를 위해 방문한 다음 장소에서 나보다 두 배는 오래 사신 분들과 그 빵을 나누었다. 빵을 드시면서 그분들은 자꾸만 말씀했다. "이런 빵집이 계속 유지되어야 해. 그래야 젊은이들도 무언가를 시작할 용기가 생기는 거야. 그래야 그들도 견디는 법을 알게 되는 거야."

# 계산할 줄 모르는 남자

"빵이 좋아요. 처음 시작도 그랬죠. 아직까지도 빵이 좋아요."

연배를 알 수 없는 천진난만한 표정으로 자신이 할 말은 그것뿐이라고 연신 말했다. 그것 말고는 할 말이 뭐가 있을까? 왜 좋아하게 되었냐고, 싫은 적은 없었냐고 물을 수도 없다. 나 역시 무언가를 이유 없이 좋아해버렸다. 좋아하는 마음은 스스로 놓지 않는 한 버려지지 않는다. 사실 시도조차 하지 않는다. 주인의 그 마음도 십분 이해한다. 시대에 맞는 카페나 체인점을 내서 확장할 생각이 없냐고 다시 물었다.

"빵을 배울 때도, 빵이라는 것은 그저 제가 선택한 것이었죠. 유명 베이커리나 호텔 주방에 들어가지 않고 제 이름을 건 동네 빵집을 하겠다는 것 역시 제 선택이었어요. 이유는 알 수 없지만 제가 선택한 것에 대해 절대적인 책임을 지고 싶어요. 그게 바로 천직이죠. 천직을 찾았다면 선택해야 하고 선택했다면 책임져야 해요. 이제 10년이 넘었어요. 겨우 10년이죠. 처음 이곳에 정착할 때부터 이 동네에서만큼은 인정받고 싶었어요. 주민들의 입맛을 알기 위해 엄청난 노력을 했어요. 손님들에게 맛있다고, 고맙다는 인사를 받는 것만큼 뿌듯한 게 없어요. 자리를 지키고 이곳에서 더 다양한 맛을 보여드리는 것이 그 보답이라고 믿고 있어요."

말투도 눈빛도 단호했다. 잠시 생각하고 추려서 내뱉는 대답이 아니었다. 한 치의 망설임도 없이 건물이 재건축되지 않는 한 자리를 지키겠다고 말했다. 정당한 방법으로 빵을 팔면서도 손님들에게 받은 돈이 빚이라는 말도 덧붙였다. 그는 최선을 다해 자신의 선택에 책임지고 있었다. 시간과 상관없이 늘 그랬고 앞으로도 그럴 것이라는 믿음이 일었다.

"정말 힘든 날이 많았어요. 적자인 날도 수두룩했죠."

대화를 나누는 동안에도 사람들은 끊임없이 빵을 샀다. 초창기부터 사람이 북적거렸을 리는 없다손 치더라도 이렇게 빵이 잘 팔리는데 적자라니, 안주인의 말이 의아했다.

"재료값 생각을 안 하세요. 빵값은 막 올릴 수가 없는데, 재료비는 비싸질 때가 많아요. 어떤 빵을 만들어야겠다 싶으면 재료비에 개의치 않고 필요한 재료를 외국에서까지 사들이죠. 수익 같은 건 생각을 안 한다니까요. 얼마 지나지 않아 그 부분은 포기했어요."

미소를 머금은 안주인의 볼멘소리가 자랑처럼 들렸다. 그녀는 내심 뿌듯해하고 있었다.

# 그 마켓에 그 물건
## 박종근과자점

이곳의 빵은 덜 달다. 과자도 달긴 하지만 덜 달다. 어느 종류이건 속 재료가 실하다. 자연히 무게도 묵직하다. 주인의 소박함이 그대로 엿보이듯 과자들의 생김새 역시 단정한 편이다. 국적 불문 필요한 재료는 모두 들여와 만들고 싶은 빵을 만든다.

## -토모니베이커리

헤어지기 아쉬울 만큼 많은 이야기를 나누었다.
빵에 대한 생각도 세상에 대한 고민도 비슷했다.
대화를 끝내고 진열된 빵들을 차근히 들여다보았다.
아무리 이성적으로 바라보려 해도 시각과 후각은 침샘을 자꾸만 자극했다.
몇 개의 빵을 사서 포장하는 사이 이미 하나의 빵은 입속에서 흔적도 없이 사라졌다.
"아휴, 이건 내 선물이에요. 언제 다시 볼지 모르니까 좀 무거워도 들고 가세요."
주인은 예쁘게 포장한 상자를 건네주었다.
어쩔 줄 몰라 하다 선물이라는 말에 감사한 마음으로 받았다. 그리고 속으로 되뇌었다.
'우리는 곧 다시 만나 세상 사는 이야기를 나눌 거예요.
좋아하는 것과 함께하는 일상의 행복에 대해서요.'

끝없는 배움<br>그리고 도전 | 빵집을 열기까지 주인은 많은 시간이 필요했다. 작정하고 준비하는 기간을 오래 잡았다기보다 하나씩 이뤄 가면서 꿈을 키우다 보니 그렇게 되었다. 주인의 전직은 요리사이다. 요리하는 것이 좋아 갖가지 요리 자격증을 따고 레스토랑에서 일하는 등 요리와 관련된 삶을 살아가고 있었다. 프랜차이즈 빵집이 유행처럼 확산되기 시작할 무렵 빵에 관심을 갖게 되었다. 일본 유학을 다녀와 빵집을 운영하는 지인에게 조언을 구해 일본행 비행기를 탔다. 그때가 1992년, 주인은 혈혈단신으로 신주쿠에서 어학 공부를 시작했다. 그 당시 유일한 행복은 집으로 돌아오는 길에 하루 종일 굶고서라도 꼭 사먹었던 슈크림 하나였다. 한국에서 요식업에 종사하고 있을 때도 느껴보지 못한 맛의 감동이었다.

동경제과학교에 입학하면서 주인은 고민할 것도 없이 전공으로 양과자를 선택했다. 2년간의 학업을 마치고 빵 과정으로 재입학을 했다. 졸업을 하기 위해 또 1년이라는

— **동네 상도로**(상도동)

동작구에 속한 이곳은 숭실대학교 앞에 있다. 대학교 앞이라고는 믿어지지 않을 정도로 조용한 동네다. 지하철 숭실대입구역을 두고 맞은편은 주택가와 아파트 단지다. 오랜 시간 주변 환경이 더디게 변화했다. 이 지역에 살기 시작하면 쉽게 떠나지도 않았고, 새로 아파트가 들어서는 것을 제외하고는 타 지역에서 이사를 오는 경우도 많지 않다. 자연히 주민들은 서로 잘 알고 있다. 그래서 조금은 폐쇄적인 동네. 하지만 서두르지 않고 관계를 위한 노력을 멈추지 않으면 따뜻하게 안아주는 인정 많은 우리네 동네이다.

**지하철** 7호선 숭실대입구역

— **마켓 토모니베이커리**

주인은 빵집을 내기로 결심하고 여러 지역을 둘러봤지만 뭔가 하나씩 어긋났다. 하지만 이곳은 모든 것이 마음에 들었다. 지방 출신의 주인이 서울에 처음 터를 잡은 동네이기도 하니, 외국 생활에 지쳤던 당시 고향같이 푸근했다. 하지만 빵집 운영보다 더 힘들었던 것이 동네 분위기에 흡수되는 것이었다. 10여 년이 흐른 지금. 엄마 손을 잡고 와서 빵을 골랐던 아이들이 이제는 자신의 아이를 데리고 먼 곳에서 찾아오는 빵집이 되었다. 고향 같은 동네에서 그들과 고향의 맛을 나누고 있다.

**주소** 서울시 동작구 상도로 370 **전화** 02-822-5918

시간이 필요했다. 3년 동안 학교를 다니면서 주말이면 슈거 크라프트를 따로 배우러 다녔다. 일주일을 꼬박 제과제빵에 매달려 3년을 지낸 것이다. 말이 쉽다. 담담하게 설명했지만 벅찬 일상이었음에 분명하다.

"엄청 부지런해야겠어요. 나 같은 게으름뱅이에 의지박약은 엄두도 못 낼 일이에요."
나의 말에 미소 짓던 주인은 그때를 회상하듯 허공으로 눈길을 보냈다.

"정말 힘들었어요. 그런데 그 당시에는 힘든 줄 몰랐던 거 같아요. 조급했거든요. 배우고 싶은 것도 많고 어서 빨리 끝내서 저만의 빵과 과자를 만들고 싶다는 생각뿐이었어요. 물론 끝이 없더라고요. 지금도 우리 집만의 빵과 과자를 계속 개발하고 싶어요."

주인의 삶은 여전히 도전적이다. 국내에서 베이킹 세미나가 열리면 직원들과 함께 참여한다. 빵도 유행이 있고, 신 메뉴가 있다. 새롭게 주목받는 재료나 굽는 법 등 공부해야 할 것이 끝도 없다. 새로운 정보를 접하면 토모니만의 색깔을 입히기 위한 연구가 시작된다. 여성의 섬세함과 아기자기함을 최대한 살려 이왕이면 다홍치마, 예쁘고 보기 좋은 빵과 과자를 만든다.

일본 유학을 끝내고 나서 그곳에서 제과제빵사로 근무했다. 유학 중 고국이 그리웠을 텐데 왜 바로 돌아오지 않고 거기에 머물렀는지 의아했다.

"학업이 끝났다고 교육이 끝난 건 아니었어요. 완벽하게 배우기 위한 습득의 시간이 필요했어요. 일본 생활이 저와 잘 맞은 것도 있었고요. 그래도 타향살이인지라 어느 날 한국으로 돌아가야겠다는 마음이 물밀듯이 몰아쳤어요. 일본으로 유학을 왔을 때처럼 이것저것 생각할 틈이 없었어요. 일본에서 살 생각으로 집까지 샀지만 바로 팔고 한국으로 왔어요."

주인은 그 마음을 기다렸다. 그래야만 한다는 마음이 드는 그 순간 과감하게 움직였다.

"지금 생각해보면 조금 미련한 젊은 혈기였어요. 한국의 변화된 상황도 파악하지 못했고 가게 하나 차리면 다 잘될 거라고 확신했으니까요. 그래도 또 욕심을 버리지 못해서 매장의 뼈대만 남겨두고 모조리 공사를 했어요. 주변에서 별로 좋지 않은 시선으로 바라보더군요. 젊고 조그마한 여자가 동네에 들어와서 건물을 때려 부순다고요."

그녀는 웃고 있지만 울컥하는 서러움을 감출 수는 없는 듯 보였다. 일본도 아닌 자신의 나라에서 일본에서와 비슷한 텃세 아닌 텃세를 경험했으니 얼마나 고단했을까. 그 시간을 잘 견뎌낸 덕분에 이렇게 자리를 잡았으니 대단하시다며 거듭 강조했다.

"힘든 시간을 견디고 나니까 조금 수월해지는 건 사실이에요. 우리 직원들한테도 얘기하곤 해요. 지날수록 단단해진다고요. 그런 어려움 속에는 분명 고통을 상쇄할 만한 행복도 주어져요. 제가 만든 빵과 과자, 이 공간을 좋아해주는 분들이 꾸준히 늘고 있으니까요. 특히 어린이 손님들이 저를 기쁘게 해요. 아이들은 거짓말을 하지 않잖아요. 토모니 빵 사달라고 엄마를 데리고 오거든요."

# 준비하는 여자

그녀의 인생은 늘 뭔가를 준비하는 중이다. 더 이상 매장을 꾸릴 수 없을 만큼 나이가 들면 그녀는 작은 시골 마을에 들어갈 날을 준비하고 있다. 그 작은 마을에 가서도 달큰한 향을 풍기는 바삭한 쿠키를 예쁘게 구워 동네 주민들과 나누어 먹는 그런 날을 꿈꾸고 있다.

"매일 아침마다 같은 빵을 만나는 것 같지만 매번 그렇게 행복할 수 없어요. 오븐 속에서 타닥타닥 소리가 들려요. 마치 '저 곧 나갈 거예요!' 하는 것처럼. 다 구워져서 세상에 나왔을 때의 그 향기, 그 빛깔도 마찬가지예요. 아무리 힘들어도 그 순간만큼은 웃을 수밖에 없어요."

그녀는 나이를 가늠하기 힘들 만큼 동안인데다 생기가 넘치고 에너지가 가득하다. 이제는 직원들을 교육하고 메뉴 개발과 연구에 더 많은 공을 들이지만 자신의 매장에서 구운 빵을 보며 행복하게 웃을 수 있는 것은 분명 행운이라고 말했다. 거기에 몸을 움직이는 것이 젊고 건강하게 사는 비결이 아니겠냐고 되물었다. 물건은 주인을 닮는다. 빵 역시 마찬가지다.

손바닥만 한 빵 하나가 나오기까지 얼마나 많은 시간과 과정이 필요할까? 어쩌면 지금의 빵값은 그들이 노동한 대가에 훨씬 더 못 미칠지도 모른다. 그런데도 말도 안 되는 불평을 늘어놓거나 괜한 트집을 잡으면서 과한 요구를 하는 경우도 있다는 것이다. 그럴 때면 주인은 더욱 당당하게 맞섰다.

"빵 안에 이미 우리가 할 수 있는 모든 서비스가 들어갔어요."

암. 세상에 공짜는 절대 없다.

# 그 마켓에 그 물건



토모니의 모든 빵은 직접 만든 콩 발효종을 사용한다. 밀가루 제품이 많은 편이지만 쌀빵 메뉴도 여럿이다. 가게를 오픈할 때보다 메뉴가 많아졌지만 제빵, 제과, 초콜릿 분야는 예나 지금이나 똑같다. 설탕 사용을 최소한으로 하고 아이들이 안심하고 먹을 수 있도록 재료에 신경을 쓴다. 마카롱이며 케이크, 쿠키 등 토모니의 제품을 자세히 보면 한결같이 귀엽다는 느낌이다. 그것 역시 젊게 사는 주인의 취향이 반영된 것이다.

실례지만 결혼은 했는지 물었다.
오가는 아이들이 유리문에 매달려 똑똑 노크하고 인사를 건네는 모습이 반복되었다.
아이가 있어서 아이들하고 친한 건 아닌지 궁금했지만
도무지 우리네 정서에 맞는 아줌마 차림은 아니었다.
"아니요. 그냥 아이들을 좋아해서요.
가게를 운영하면서 결혼은 했지만 아직 아이는 없어요.
애들을 예뻐하면 아기 가질 때가 된 거라고 하던데 그냥 저는 아이들이 좋아요."
크고 기다란 눈에 웃음이 넘치는 주인은 말했다.
빵보다는 아이들이 더 잘 어울릴 것 같은 사람이다.
하지만 대화를 나누고 그녀와 헤어질 무렵 그녀의 식빵이나 아이들이나
순수하긴 마찬가지라는 결론을 내렸다.

# —티나의식빵

<h2>자신을 아는 것이 시작이다</h2>

집수리, 설비 전문 가게 옆, 왠지 어울리지 않을 것 같은 상큼한 블루빛 간판의 티나의식빵에 도착했다. 빗방울을 살짝 머금은 외관은 새벽 비를 맞은 숲처럼 상큼했다. 문을 열고 안으로 들어가니 주인이 분주하게 식빵을 포장하고 있었다. 오후 3시, 이날의 마지막 식빵이 나온 것이었다.

"가게가 많이 좁죠? 따로 앉을 곳도 마땅치 않네요. 물 한잔 드릴게요. 제가 마시는 건데 음료도 따로 없어요."

식빵을 사기에는 충분한 공간이다. 아이 체형에 맞는 듯한 의자도 하나 있었다. 거기에 앉아 시원한 물 한 모금 들이켜니 고소한 빵 냄새도 좋고 부족함 없는 공간이다. 벽면에 걸린 액자에 텔레비전에 출연한 주인의 모습이 보였다. 젊은 여주인의 식빵이 인기가 좋구나 싶었는데,

— **동네 통일로73길**(대조동)

서울 서대문구에서 파주 임진각까지 이어진 길이 통일로다. 그 중간 티나의식빵이 있는 이곳은 은평구 대조동에 속한다. 근처에 연신내 로데오거리가 있지만, 지하철역 부근만 복잡할 뿐이다. 외지인의 유입이 많지 않은 주택지로 어린이집과 학교가 많다. 빵으로 식사하는 것이 익숙하지 않은, 식빵을 간식 삼아 먹는 평범한 대한민국 동네다. 조금 달라진 것이 있다면 빵 봉지에 유통기한이 표시된 슈퍼마켓 빵을 사먹던 것에서 그날 만든 신선한 빵 맛을 알게 되었다는 점이다. 식빵을 전문으로 하는 빵집이 들어섰기 때문이다.

**지하철** 3호선 · 6호선 연신내역

— **마켓 티나의식빵**

이런 빵집을 처음 보는 주민들까지 걱정의 말을 쏟아냈다. 일반적인 제과점도 아니고 식빵만 파는 빵집이라니. 더구나 대로변도 아니고 골목 안쪽의 사람들도 많이 오가지 않는 자리라니. 건장한 사내도 하기 힘들다는 제빵 작업을 여자 혼자 한다니 등. 걱정의 말을 들을수록 주인은 마음을 다잡았다. 3년이 흐른 지금은 누구도 더 이상 걱정하지 않는다. 그간의 피로가 누적된 주인의 건강 상태를 걱정할 뿐이다. 저녁에는 친언니가 도와주고 토요일엔 남편이 함께하지만 여전히 이곳은 주인의 손길로 채워진다. 식빵이라는 아이템 하나에 10여 가지의 특별한 식빵이 있다.

**주소** 서울시 은평구 통일로73길 5-13 **전화** 02-353-7238

"그래서 망설였어요. 이왕 나간 거니까 걸어두었지만 이제 취재는 안 하거든요. 방송이나 잡지에 소개되고 나서 모든 사람의 마음이 다 같지 않다는 것을 알게 되었어요. 그래서 책인지 재차 확인했던 거였죠. 작년에도 책에 나왔는데 왠지 기분이 좋더라고요. 글로 만나는 제 일상이 더 행복하더라고요."

주인은 수줍게 웃으며 말했다. 나 역시 참 다행이라는 생각이 들었다. 그리고 동네 빵집 주인으로서 그런 맘고생을 했다는 것도 전혀 예상하지 못했다.

주인의 전공은 호텔외식이었다. 한식, 양식, 중식부터 커피와 제과제빵까지 요리와 관련된 분야를 두루 배워야 했다. 졸업 후 전공을 살려 호텔에서 근무도 하고 전혀 상관없는 직업을 갖기도 했다. 그렇게 4년 정도 월급을 받으며 생활하다가 내 가게를 해야겠다는 생각을 했다. 오랜 시간 원했기에 고민은 짧게 끝났다. 배웠던 것을 되새겨보니 제과제빵에 관심이 있다는 것을 알았다. 다시 학원에서 10개월간 교육한 후

주 종목을 정할 때는 자신에 대해 진지하게 생각해보았다.

주인의 성격은 꼼꼼한 편이었다. 그래서 조금 느렸다. 빵 작업은 재빨리 해야 하는데 고민이었다. 성격에 맞지 않으면 쉽게 지칠 텐데, 그렇다고 빵을 포기할 수도 없었다. 무엇이건 그날 만들어서 그날 팔고 싶었다. 그래서 결정하게 된 것이 식빵이었다. 생각해보니 자신이 자주 사먹고 좋아하는 빵이기도 했다. 가게 자리를 알아보고 가진 돈에 맞춰 욕심 없이 지금의 자리를 선택했다. 인테리어 비용을 조금 아껴보고자 아버지가 작업을 도와주셨다. 그렇게 오픈 비용을 줄이면서도 기계만큼은 새것으로 들였다. 그렇게 3년이라는 시간이 흐른 지금, 명실공히 우리 동네 최고 빵집으로 자리를 지키고 있다.

# 무지개 같은 여자

첫인상은 하얀색이었다. 왜 거 있지 않나. 미국 서부를 배경으로 하는 영화에 등장하는 미모의 동네 가게 직원. 하얀 피부에 주근깨가 콕콕 박혀 있고 날씬한 몸에 티끌 하나 찾아볼 수 없는 순수한 미소를 지닌 그런 캐릭터 말이다. 처음 만난 그녀의 이미지는 그랬다.

"정말 죄송해요. 혼자 하다 보니 손님이 오면 대화의 맥이 끊기네요. 어쩌죠? 무슨 얘기하고 있었죠?"

세 마디 정도 나누고 좀 더 깊은 질문을 할라치면 손님이 들어왔다. 가뜩이나 작업대 위의 반죽을 작업하고 있어서 말 걸기가 미안했는데 손님까지 끊이지 않으니 난감했다. 그녀의 사과에 더 몸둘 바를 몰랐다.

"괜찮아요. 그냥 하시는 대로 하세요. 정신없게 하는 거 같아 제가 더 죄송해요."

우리는 서로에게 사과하며 대화의 맥을 도무지 찾지 못하고 있었다. 그래서 그녀가 손님들과 나누는 일상을 더 많이 볼 수 있었는지도 모른다. 그녀의 말투는 아나운서 뺨쳤다. 바르고 예의에 어긋나지 않고 상냥하다. 전달해야 할 것을 정확히 알려주고 그날의 상황을 설명했다. 한 손님이 자신은 이런 빵이 먹고 싶은데 만들어 팔면 어떻겠냐고 묻자, "한번 고민해볼게요" 하며 똑 부러지는 말투와 흐트러짐 없는 미소로 답했다. 자주 있는 일이란다. 단골 중에는 다른 유명한 빵도 가끔 건네곤 한단다. 자신들의 가게처럼 메뉴 개발에 여념이 없다. 말해봐야 소용없는 곳이라면 소비자들은 인사도 잘 건네지 않는다. 지금은 식빵만 팔고

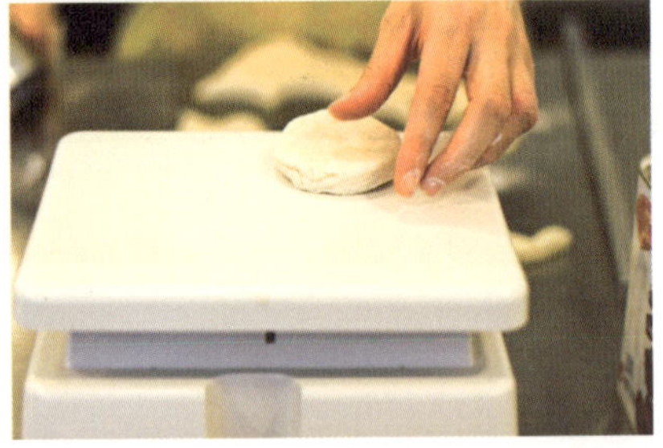

있지만 언젠가는 자신들이 원하는 빵을 만들어주지 않을까 내심 기대하는 모습이 친한 친구 같다.

작업대 안쪽에서 작업을 하고 지나는 아이와 인사를 나누고 단골손님에게 빵을 건네고 식빵에 대해 설명하고 전화를 받거나 계산할 때 등 그녀는 각각의 상황에 어울리는 빛깔을 뿜어내고 있었다. 일곱 가지 색으로 분류할 수 없는 무지개가 그저 무지개색을 지닌 것처럼 그녀는 어떤 한 가지 색으로 설명할 길 없는 그런 무지갯빛 같다.

# 그 마켓에 그 물건



티나의식빵에는 이름처럼 식빵 종류만 열 가지나 된다. 주인은 뭘 그런 것까지 알려야 하느냐며 손사래 쳤지만
분명 좋은 재료를 사용하고 있다. 그리고 유통기한 표시 없이 빨리 먹는 것이 좋은 식빵들이다. 그날 먹어야 티나
의식빵 맛을 제대로 느낄 수 있다. 쿠키는 일주일에 두 번 굽는다. 쿠키는 실온에 며칠 정도는 두어도 괜찮기 때
문에 2~3일 안에 소진될 만큼만 만든다. 참 잘 만든 단팥빵도 있다.

이것 말고도 버터, 옥수수, 롤치즈, 곡물, 크랜베리, 밤식빵이 있다. 모든 종류는 각각의 반죽을 사용한다. 쿠키는
초코칩과 촉촉한 초코쿠키가 있고, 생크림 스콘과 초코칩 스콘이 있다.

"대표 빵이요? 그런 거 없어요.
다들 무슨 빵이 제일 잘 팔리는지, 가장 자신 있는 빵이 무엇인지를 묻고는 하지만,
대답할 수가 없어요.
많이 팔리는 제품은 그날의 날씨와 상황에 따라 날마다 달라져요.
여기 있는 빵들은 모두 내놓을 만한 것들이고요. 그렇지 않으면 팔 수가 없잖아요?"
TV에서 호밀빵이 최고라고 말 한번 띄워주면 그날은 호밀빵이 인기 최고다.
우리나라가 그렇잖은가.
자신은 없지만 에라 모르겠다, 하고 매대에 올려놓는 빵이 있었다면,
오월의종이 이리 많은 사랑을 받지 못했을 터.
어설픈 나의 질문에 너무나 명확한 답변을 주어 몇 번이고 멈칫했는데,
마지막으로 또 한번 배웠다. 인생, 배움의 연속. 빵 하나에도 말이다.

# −오월의종

**고집이 아닌<br>신념으로**  이태원 도로에 있는 매장을 세 번 찾아가서야 주인을 만날 수 있었다. 한 번은 잘못된 내비게이션의 가르침으로 길을 헤맸고, 다른 두 번은 서둘러 갔음에도 'Sold out'과 맞닥뜨려야 했다. 세 번째로 방문했을 때 역시 판매 종료로 문을 닫은 상태였지만, 다행히 매장 안쪽에 사람의 움직임이 보였다. 문을 열고 들어가 사정을 설명했다. 직원은 주인이 있는 곳을 알려주었다. 마치 첩보작전 같았다. 주인은 '오월의종' 2호점 매장에서 빵을 만들고 있었다.

"저 안쪽에 작은 2호점이 원래 있었어요. 그런데, 흠… 쫓겨났죠. 남들은 장사 잘돼서 돈 벌어 넓은 매장으로 옮긴 줄 알지만, 사실 작은 사정이 있었던 거죠. 건물주가 갑자기 나가라고 했고, 이 커다란 장비들을 거리에 놔둘 수 없었으니까요. 월세가 높은

**— 동네 이태원로49길(한남동)**

본래의 자리, 지금도 건실한 1호점은 이태원을 가로지르는 큰길인 이태원로에 있지만, 나는 2호점 이야기를 하려고 한다. 이유인즉, 주인이 주로 있는 곳이기 때문이다. 새롭게 시도하는 빵들이 있고, 열린 공간을 자처하며 재미있는 일들을 꾸미고 있다는 것도 이유다. 이곳에서 빵을 샀는데, 여기서 만들지도 않는 머핀 한 조각을 선물 받을 수도 있다. 옆 골목 가게에서 맛보라고 갖다준 것 중 하나다. 뒤쪽 건물에 있는 의류회사에서 진행한 '빵집에서의 패션쇼'도 있었다. 돈독한 관계는 서로의 노력으로 이루어진다고 주인은 말한다. 마음을 열면 더 즐겁게 공간을 만들어 갈 수 있다는 지론이다. 당연한 이야기지만 막상 하려면 쉽지 않다. 1호점과 멀지 않은 2호점에서 오월의종 주인은 아주 잘 해내고 있다. 물론, 1호점이 있었기에 가능한 일이다.

**지하철** 6호선 한강진역 · 이태원역

**— 마켓 오월의종**

오월의종의 시작은 일산. 이름이 알려진 것은 이태원에서부터였다. 일산 작은 동네에서는 빵 열 개를 구우면 모조리 버려야 했다. 10여 년 전에는 식사빵이 매우 생소했기 때문이다. 이태원은 외국인도 많고 외국에 다녀온 사람도 많기에 가능했을지도 모른다. 그래도 이곳을 유지하는 것의 가장 중요한 것은 주인의 심신. 짧은 대화만으로도 주인의 단호하고 멋진 생각을 읽을 수 있다. 빵을 사러 오는 사람에게 먼저 묻는 것이 "식사하셨어요?"다. 밥을 먹었을 경우엔 한두 개만 사가라고 웃으면서 강요(?)한다.

**주소** 2호점: 서울시 용산구 이태원로49길 24, 1호점: 서울시 용산구 이태원로 229 1층
**전화** 2호점: 02-749-9481, 1호점: 02-792-5561

걸 걱정하기 전에 당장 공간이 필요했어요. 2호점이 그래서 여기에 들어선 거죠.”
사실, 엄청난 이유다. 갈 곳이 없어 급하게 결정할 수밖에 없는 현실. 그것이 지금 우
리 시대에 만연하게 퍼져 있는 자영업자의 가장 큰 어려움이다. 어찌되었건 이곳의
주인은 그것을 '작은 사정'이라고 설명했다. 주인에게 이 정도의 문제는 대수롭지 않
을 수도 있다. 일산에서 크게 한 번 망했었으니까. 그리고 그곳에서의 경험으로 주
인은 빵집 운영에 대한 몇 가지의 원칙을 세울 수 있었다. 실패는 성공의 어머니라
는 그 흔하지만 어려운 말을 몸소 체험한 셈이다. 10년 전 일산에서도 지금과 똑같
은 빵을 만들어 팔았다. 경찰에 신고를 당했다. 여기 쉰 빵을 파는 사람이 있으니 잡
아가라는 어느 손님의 신고 덕분이었다. 지금이야 설마, 하며 놀랄 일이지만, 당시로

생각해보면 그럴 수도 있겠다 싶다. 시큼한 맛을 지닌 커피의 품격을 썩은 물이라고 치부하던 시대였으니 빵도 마찬가지다. 발효종의 신맛을 쉰 맛으로 생각할 수도 있다. 그런데 문제는 신고다. 주인에게 찾아와 자신의 무지를 되묻지 않았다는 것, 그것은 여전히 변하지 않았다. 그러면 앞으로도 또 다른 새로운 맛에 우리는 다시 경찰을 부르게 될 것이다.

일산에서 망하고 이태원에 자리를 잡게 된 것은 귀한 인연 덕분이었다. 주인은 일생에 한 번은 정말 '귀한 인연'을 만난다고 회상했다. 이태원 자리 옆집인 복덕방 아주머니가 그러했다. 일면식도 없는 주인에게 덜컥 5천만 원을 꾸어줬다. 이유는 '야반도주할 상은 아니어서'가 전부였다고 했다. 감사한 마음을 안고 정착하기 시작, 여전히 식사빵에 대한 인식이 낮은 시기였지만 이태원이라는 동네 특성상 조금씩 매출이 늘어갔다. 6개월여 만에 돈은 갚았고, 정은 깊어졌다. 우리는 흔히 좋은 이웃을 만나기를 희망한다. 그것은 반대로 나 역시 좋은 이웃이어야 가능한 일이다. 돈 떼먹고 도망가지 않게 생긴 얼굴을 판단할 수 있었던 것은 복덕방 아주머니의 안목이기도 했지만, 빵집 아저씨의 언행에도 분명 있었을 것이다.

"콜라보레이션 개념은 정말 재미있어요. 제 빵으로 어떤 요리를 만들어보고 싶다든가, 신 메뉴를 개발하려고 하는데 이러저러한 빵을 만들어 함께 해보지 않겠냐는 제안을 받으면 정말 즐겁죠. 그래서 시작되었어요. 레스토랑에서 근무하는 셰프들이 찾아오기 시작해서 몇 개씩 사가다가 주문을 하고, 수량이 늘어갔죠. 그런데 자꾸 외부로 나가는 것이 좀 그래서 지금은 줄이고 있어요."

내가 이곳을 찾기 전에 누군가가 말했었다. 어떤 식당에서 음식을 먹었는데 빵 맛이 너무나 좋아서 물어보니 오월의종 빵이었더라, 그래서 더 행복했다는 얘기였다. 나는 주인에게 그 말을 전하며 다른 곳으로 빵을 공수하기 시작한 계기와 과정을 물었다. 주인의 시작은 창조에 있었다. 절대 납품 같은 개념이 아니다. 배달도 없고 주방장들이 직접 매장으로 와서 가져가는 방식으로 운영하는 것도 그런 이유다. 새로운 요리의 재료로 함께 참여하는 것이 기쁜 일이다. 그런데 너무 많은 곳으로 나가는 빵의 물량을 맞추는 데는 한계가 있다고 털어놨다. 단순히 힘이 들어서가 아니다. 매장에서 판매하는 빵 맛을 지키기 위해서다.

"빵 맛이 달라져요. 기계도 사람과 마찬가지예요. 너무 일을 많이 하면 기력이 쇠하는 것처럼 기계도 너무 많이 돌리면 아침과 저녁에 나오는 빵 맛이 달라져요. 그러니 외부로 나가는 빵을 위해 기계를 막 사용하면 매장에서 팔아야 하는 빵 맛에 영향을 끼치죠."

Bakery 오월의종

# 뭐든 잘하는 남자

눈빛과 체격으로는 나이를 가늠할 수 없었다. 그럼에도 나는 젊은 친구들에게 해주고 싶은 말이 혹시 없냐고 물었다.

"글쎄요. 다른 사람들에게는 모르겠지만, 우리 가게에서 근무하는 친구들에게는 이런 말을 해요. 빵에 목숨 걸지 말아라. 빵이 아무리 좋아도 그 외의 것들을 많이 보고 부딪치라고 하죠. 그러면 자연스레 그런 경험이 빵에 스며서 맛을 낸다고요."

넓은 공간 곳곳에 그의 흔적이 스며 있다. 빵 말고 다른 분야들이다. 그는 여러 가지 취미를 가지고 있다. 전체적으로 보면 새로운 것들을 시도하고 만들어 내는 창조적인 일들이다. 매일 새롭게 빵을 구워내는 것과 일맥상통한다. 종류도 많다. 책장에 꽂혀 있는 서적들을 보니, 빵을 비롯한 요리 관련 외에도 미학, 인문학, 역사, 사회문화 등 다양하다. 그림 액자도 보인다. 얼핏 보아도 솜씨가 예사롭지 않다. 사진도 좋아하고 목공예도 즐긴다. 2호점 매장의 가구가 다 그의 손에서 만들어진 것들이다. 매우 섬세하게 선별했을 음악도 오래되어 보이는 오디오와 스피커를 통해 흐른다. 캠핑 의자도 있다. 누군가가 텐트를 쳐준다면 곧잘 따라나선다고 주인은 말했다. 무언가를 만들어 내는 것. 그 모든 것을 참 잘하는 사람이라는 것이 느껴졌다. 그래서 그의 빵에 모든 것이 스몄다는 것도 알 수 있었다.

그는 자꾸 말했다.

"저는 빵을 잘 만들지 못해요. 그냥 좋아하는 거고, 한번도 싫증난 적이 없었을 뿐이에요. 지금도 만약 빵이 싫어지면 손 놓을 거라고 생각해요. 다행히 아직은 아니네요. 빵을 진짜 잘 만드는 사람이 누군지 아세요? 어제 만든 빵과 오늘 만든 빵이 똑같은 맛을 지니도록 만드는 사람이에요. 전 그러려고 최대한 노력하는 중이고요. 저는 빵을 잘 만들지 못해요."

빵도 그렇고 매장에 있는 모든 것도 어느 것 하나 잘 안 만든 것이 없다. 매장에 직접 가서 빵을 맛본다면 나의 말에 동의할 것이다. 적어도 어제 찾은 손님이 오늘 다시 찾고, 오월의종이 아닌 가게에서 먹은 빵이 오월의종이라는 것을 알아챌 수 있다는 것 역시, 이 남자는 모든 것을 참 잘하는 사람이라는 반증이 아닐까.

# 그 마켓에 그 물건



특이하게도 이곳에는 빵을 집을 집게가 없다. 그래서 여기에 처음 오는 사람은 묻곤 한다. 빵은 어떻게 사냐고.
주인은 손으로 들어볼 것을 권했다. 빵의 무게와 촉감을 알아야 취향에 맞는 빵을 찾을 수 있기 때문이다. 그래서
집게 대신 비닐장갑을 사용한다. 본래 맨손을 권했지만, 반감을 갖는 사람들도 꽤 있어서 차후 선택한 방법이다.
오월의종 빵을 가장 맛있게 먹는 법! 우선, 손으로 집어보세요!

### 르방 내추럴
천연효모가 많이 들어 있어
일반 바게트보다 딱딱한
식감이 매력적이다.

### 통밀롤
통밀이 15% 첨가된 모닝빵

### 치아바타
올리브오일을 넣어 더욱 부드럽고,
점성이 높으면서도 폭신하다.

### 옥수수 바게트
반죽에 밀가루를 줄이고
옥수수가루를 더 넣었다.

### 호밀빵
사워종과 100% 호밀로 만들어
묵직함이 남다른 빵. 약간의 허브 향과
시큼한 맛을 지닌 마니아들의 빵이다.

### 크루아상
두 종류의 버터를 듬뿍 넣어
부드럽고 고소하다.

# 슈퍼! 마켓

**PART 2** super! market

서울시
종로구
옥인길 33

# −우연수집

꿈은 무겁다. 그래서 두렵다. 무엇을 어디서부터 어떻게 시작해야 할지 난감하다.
꿈에 다가가기 위해 가장 먼저 해야 할 일은 꿈을 가볍게 여기는 마음이다.
우연수집의 주인은 자신의 꿈을 향한 여정에서 그것을 깨달았을지 모른다.
우연수집은 가벼움의 자유를 보여주는 공간이다.
중요한 것이 무겁고 흔한 것은 가벼운 것이 아니다.
가볍게 접근하는 것이 때론 최고의 능력을 발휘할 수 있는 배경이 되어준다.
우주를 떠돌다가 어느 순간 자신의 곁에 우연히 날아 들어온
모든 것을 수집하는 우연수집.
그의 삶에 잠시 동행했다.

나는 분명 인사차 들른다고 전화했다. 정확한 시간을 정하지 않고 그저 그즈음이라는 분명하지 않은 약속을 했다.

가게에 들어서자 말끔하게 차려입은 그와 마주했다. 온화해 보이는 표정 뒤로 한참을 기다렸다는 무언의 시선을 보내는 듯했다. 도둑이 제 발 저린 격일 수도 있지만. 두 시간 정도 오가는 손님들도 상대하면서 이야기를 나누었다. 아니, 나는 질문했고 그는 대답했다. 차분한 말투와 맑지만 낮은 톤으로 우연한 삶 속 풍경을 풀어냈다. 나는 정말이지 인사차 들른 것이었다.

우연수집은 우연한 수집을 뜻한다. 우연히 자신의 공간에 들어오는 것들을 다양한 방법으로 수집하는 것이라고 한다. 대상도 가지각색이다. 수집의 대상을 물건에만 한정 지었던 나의 편협한 시선이 부끄러웠다. 게다가 처음에 나는 우연수는 이름이고 그 뒤에 집을 붙인 거라 생각했었다. 그 역시 종종 자신의 이름이 우연수인 줄 아는 사람이 있으며 그게 재미있어서 그냥 그렇게 부르게 놔두기도 한다는 말을 보탰다.

오프라인 매장을 준비하기 전에는 인터넷 쇼핑몰을 운영했다. 온라인으로 주문 받

---

— **동네 옥인길**(누상동)

동네 뒤로 서울의 명산, 인왕산이 자리한다. 산행 들머리 길이기도 한 옥인길에는 산을 찾는 이들이 왕왕 오고 간다. 근래에는 통행이 금지되었던 수성동계곡이 개방되었다. 이 길은 지나온 이야기가 많다. 어머니의 어머니가 서울살이를 하던 모습을 간직하고 있다. 그 위에 소문 따라 찾아오는 젊은이들의 삶이 얹어졌다. 가난한 예술가들도 터를 잡기 시작했다. 월세가 급상승 중이다.

**지하철** 3호선 경복궁역

— **마켓 우연수집**

온라인으로만 활동하던 우연수집이 오프라인 매장을 열기로 결심했다. 재미가 없었기 때문이다. 자신만의 작업도 하고 사람들과 소통이 가능한 공간이 필요했다. 이 길에 들어선 이유는 작가적 시선을 키워줄 인왕산의 힘이 컸다. 주변 공방들이 여럿이라 소통의 욕구도 풀어줄 것이라 믿었다. 작은 간판 하나 내걸고 우연수집만의 감각으로 매장을 꾸몄다. 2014년 7월부터 주중에는 협업 중인 공예 작가가 매장을 지키고 우연수집 주인은 주말에 나온다.

**주소** 서울시 종로구 옥인길 33 **전화** 070-4234-0759 **홈페이지** www.poeticzoo.com

고 포장하고 배송하는 일은 따분하기 그지없었다. 그래서 세상 밖으로 나왔다. 파워
블로그라는 타이틀을 믿는 구석도 없지 않았다. 그것이 착각이었음을 알기까지는 그
리 오래 걸리지 않았다. 매장을 운영하면서 작업을 이어간다는 것이 쉬운 일은 아니
었다. 적당한 물건을 구비하지 못해 가게 문을 닫아야만 했던 날도 있었다. 한동안은
아일랜드 친구가 구해주는 수입 제품들로 매장을 채웠다.

그러다 블로그를 통해 예술가들의 작품을 들여왔다. 그렇게 몇 달간의 시행착오와
연습을 거쳐 지금의 물건들이 매장을 지키게 되었다. 팔릴 수 있는 좋은 물건을 보는
눈이 조금은 키워진 것이다. 그러면서 자신의 작품도 곳곳에 전시하게 되었다. 결국
공간을 원했던 초심으로 돌아가고 있는 중이다. 무엇보다 자신의 작업공간이 필요했
던 첫 마음을 따르는 것이다. 여전히 분주한 와중에 틈틈이 만들어 낸 작업의 결과물
을 부지런히 세상에 내놓고 있다.

이 길에 매장을 연 이유 중 하나인 소통 역시 우연수집에게는 빼놓을 수 없는 일상이다. 주변 가게 주인들과의 친분 쌓기는 꽤나 자주 일어난다. 인왕산과 수성동계곡을 청소하거나 새로 오픈하는 가게에 힘을 보태기도 한다. 우연수집을 온라인, 오프라인에서 사랑해주는 많은 이들과의 이벤트도 준비한다. 단순히 즐거움을 위한 시간이 아니다. 한번은 인왕산 산책길에서 보물찾기도 했다. 고가의 선물을 준비하고 숲 속 곳곳에 쪽지를 숨겨두었다. 그것을 찾아오면 선물을 주었다. 이벤트의 목적은 선물 획득이 아니라 '인왕산의 아름다움을 느끼세요'였다. 하지만 사람들의 욕심이 순간 두 눈을 멀게 한다는 것을 배울 수 있었다. 그 후부터는 보물찾기 대신 산책로를 종주하는 이벤트를 마련했다. 길 마지막에 우연수집의 주인이 직접 선물을 선사했다. 소소한 것으로.

1년이 지난 지금, 그의 목표는 어른들을 위한 장난감 가게다. 어린아이들만이 가질 수 있는 즐거움은 늘 그리움의 대상이다. 현실적으로 온전히 아이처럼 살 수는 없지만 작은 장난감 하나로 기쁨을 누릴 수 있다면 우선은 충분하다. 같은 물건의 다양한 얼굴을 좋아하는 주인은 늘 다르게 생각하려고 노력했고 이제는 자연스럽게 많은 것을 다르게 본다. 그것이 아이디어의 원천일 터다. 매장에는 단 하나도 같은 물건이 없다. '월리를 찾아라'의 그림판 같다. 그곳의 물건들은 제각각 호흡하며 새로운 주인을 기다리고 있다.

# 우주를 여행 중인 남자

우연수집이라는 블로거는 이미 유명세를 탄 파워블로거다. 현재진행형 유명인이라고 해도 과언이 아니다. 매장에 앉아 이야기를 나누는 동안 블로그를 보고 왔다는 손님이 여럿이다. 단골인 듯 스스럼없이 대화를 나누기도 한다. 사람들은 소소한 물건을 구입하는 데 몇만 원을 아낌없이 지불했다.

그를 잠시나마 지켜보니 오프라인에서도 꽤나 매력적인 사람이었다. 조용한 듯하지만 할 말을 다 하고, 중간 중간 툭툭 내뱉는 위트에는 감동이 배어 있었다. 대화에서만 느껴진 것은 아니었다. 진열된 물건 사이에 걸어놓은 상품 설명글 역시 친근함으로 가득하다. 문득 장난을 치고 싶어진다. 툭 하고 건드리면 웃음보따리를 털어놓을 것만 같다.

하지만 그의 진짜 매력은 자신의 삶에 대한 진지함에 있다. 얼마나 많은 고민 속에 괴로운 날을 지냈을까 동병상련으로 애처로운 심정마저 든다. 하고 싶은 일을 하기 위해 당당히 그 일을 선택함으로써 짊어져야 할 책임은 그의 두 어깨를 무겁게 짓눌렀을 것이다. 자신의 삶을 지키기 위해 차곡차곡 쌓아온 지난 시간에 고개가 숙여진다. 그렇게 무거운 시간을 지나 그가 깨달은 것은 가벼운 것들이 가질 수 있는 자유로움일 터다. 그래서 그의 위트는 가벼운 듯 묵직하다.

지금은 어떤 별을 여행 중인지 정확하지 않다. 동화의 별 혹은 방의 별, 아마도 지금은 장난감별에 있을 것 같다. 지구에 살고 있는 나는 그의 여행 이야기를 기다린다. 그리고 가끔 그의 공간 속에 잠시 머물고 싶다. 온라인 속 그의 세상 그리고 옥인길에 반짝이는 현실의 공간, 그 어느 곳에서라도 진지한 그의 위트에 살짝 미소 짓고, 깊게 생각하게 될 것이다.

# 그 마켓에 그 물건

## 우 연 수 집

지금의 포인트는 장난감 세상으로의 돌격이다. 그의 두 번째 책 〈소년소녀 처음 소품〉을 준비하면서 만든 작품들이 매장 곳곳에 놓여 있다. 판매하지는 않지만 DIY 재료를 구입할 수 있다. 알록달록 반짝반짝, 물건들이 달달하다. 20대 여성들이 주요 고객이지만 동심을 그리워하는 어른들에게 소소한 미소를 선사해줄 물건들이 가득하다.

### 본인의 작품

그림을 잘 그리지 못하는 작가는 프로젝트를 이용해 사슴 그림을 그렸다. 매장 인테리어를 위해 벽에 걸어두었는데 사람들이 팔라고 얘기해서 만든 액자이다. 블로그에 배경화면용 이미지를 만들어 배포하는데 그중 몇 가지 그림으로 만든 액자도 있다. DIY로 만든 첫 작품이자 상품은 크리스마스카드. 당시에는 시기를 잘 맞추지 못해 많이 팔지 못했지만 첫 작품이니만큼 애정이 깊다.

### 오르골

어느 날 장난감을 파는 외국 상점을 소개하는 TV 프로그램을 보았다. 그 가게 주인의 순수하고 행복한 표정이 아직도 생생하다. 장난감 세상을 꿈꾸게 한 계기가 아닐까. 놀이기구 모양의 오르골 등 다양한 모양의 오르골이 쇼윈도 앞에서 반짝거린다.

### 트럼프 카드

디자인이 다양하다. 카드놀이를 좋아하는 친구의 이야기가 담긴 물건이다. 처음에는 어떻게 설명해야 할지 헷갈렸지만 지금은 대부분 외웠다고.

### 카드

명언, 가벼운 농담 등이 커다랗게 적혀 있는 카드다. 사랑하는 이에게 위트 있는 인사를 전하고 싶을 때 선물하면 좋을 아이템이다.

서울시
종로구
옥인길 9

—동양백화점

이상형을 고백하자면, '척'하는 사람만 빼면 될 것 같다.
많은 이들은 척하다와 지적이다를 혼동하는 경향이 있다.
어떤 이의 현란한 말솜씨는 지적이고 싶어 하는 '척'일 뿐이다.
그걸 알아내는 것은 쉽지 않다. 대부분 언어의 마술사 출신이니까.
그래도 나름의 방식으로 상대를 살핀다. 그가 척하는 사람인지, 아닌지.
다소 익숙하지 않은 단어를 가게에 걸어놓은 주인의 심상이 알고 싶다.
그는 배시시 웃으며 말했다.
"사실 저는 대인공포증이 있어요."
내가 보기에 이 말은 그가 꺼낸 유일한 '척'이다.

10여 년간 신문사 광고팀에서 일하다가 있는 돈 없는 돈을 끌어모아 자영업에 뛰어들었다. 결과는 참담하리만큼 실패했다. 아이가 자랑스러워하던 삼청동 카페는 문을 닫아야만 했다. 당시는 쫓기듯이 지금의 자리로 들어왔지만 현재로서는 일단 성공이다. 장사가 잘돼서 수익이 늘어나서가 아니라 돈으로부터 자유로워졌기 때문이다. 어떻게든 돈을 많이 벌어야겠다 혹은 원상복귀를 해야겠다는 강박에서 벗어났다. 미련을 버릴 수밖에 없는 시간을 지나 가장 잘 알고 좋아하는 것들과 함께하는 지금이 행복하다. 주인의 행복ing는 동양백화점을 유지하는 힘이다.

매장에 들어서자 물건들이 어지러이 놓여 있다. 백화점처럼 깔끔한 진열이 아닌 말 그대로 잡화점처럼 엉성해 보인다. 하지만 주인의 설명을 듣고 나니 세심한 진열이라는 것을 알 수 있다. 손을 뻗어 쉽게 만질 수 없는 위치에 놓인 것은 가격이 높다.

— **동네 옥인길**(누상동)

주택들이 모여 있는 조용한 골목이 세간의 주목을 받기 시작한 것은 얼마 되지 않았다. 동양백화점이 들어온 2012년만 해도 그야말로 아무것도 없는 골목이었다. 이제는 서촌이라는 이름으로 서울에서 걷고 싶은 제1의 길이 되었다. 수성동계곡을 향하는 등산객이 늘었고 박노수미술관을 관람한 다음 여기저기 기웃거리는 나름 문화인도 많아졌다. 여전히 활기찬 재래시장 역시 사람들을 모으는 데 한몫하고 있다. 다양한 테마의 가게들이 생기다 보니 찾아오는 사람도 각양각색이다. 거대한 자본의 힘이 들어와 물을 흐리지만 않는다면 볼 것, 할 것, 먹을 것이 많은 곳이다.

**지하철** 3호선 경복궁역

— **마켓 동양백화점**

삼청동에 카페를 운영하던 주인이 자리를 옮겨와 쇼핑몰 사무실로 오픈했다. 그러다 매장도 겸하자는 생각에 물건을 진열하고 문을 열었다. 아이템은 빈티지, 무조건 빈티지다. 자칭 주력 상품은 '토이', 가장 잘 팔리는 제품은 '주방 용품'이다. 토이는 일본에 가서 신중하게 고민하고 들여오는 것들, 주방 용품은 지인들이 미국과 유럽 등지에서 보내준다. 백화점답게 가격이 높다. 충동구매를 불러올 만큼 가치도 높다. 혹여 가격이 이해되지 않을 때는 수줍은 듯 앉아 있는 주인에게 말을 걸어보는 것이 좋다. 다만 급상승하는 구매 욕구에 나를 원망하지는 마시길. 2014년 7월부터 자체 디자인 소품을 내놓고 있다.

**주소** 서울시 종로구 옥인길 9 **전화** 02-732-2001 **홈페이지** www.zakkamall.kr

솔직히 말해 생각보다 훨씬 높다. 안쪽 벽면에 있는 장난감 피규어는 1백만 원을 호가하는 것들이다. 수집에 별 관심이 없다면 이해가 되지 않을 수도 있다. 1966~70년대 캐릭터로 나왔던 피규어를 복각해서 만든 제품들로, 한정판 수작업으로 만든 것들이다.

개중에는 동양백화점에만 있는 것들도 있다. 수집가라면 갖고 싶어 안달 나는, 갖고 나면 굉장한 기쁨을 선사하는 귀한 것들이다. 수집가들 사이에도 경쟁 심리가 있다. 그것을 소유함으로써 얻게 되는 자부심은 무엇과도 비교할 수 없다. 카메라에 대한 나의 욕심을 돌이켜보니 그제야 이해된다. 누구나 자신만의 소유로 남기고 싶은 물건은 분명 있다.

수입의 일등공신은 역시나 주방 용품이다. 먹는 것도 만드는 것도 좋아하는 주인의 사심이 들어 있다. 빈티지하고 고급스러운 유럽풍 식기에 나 역시 눈길이 간다. 서촌, 더 정확히 이 동네 주민들 또한 아기자기하면서도 실용적인 주방 용품에 마음을 빼앗겼다. 쳐다보고 만져보고 충동적으로 구매하기까지는 그리 오랜 시간이 필요하지 않다. 한번은 지인을 통해 고급 식기를 들여와 최대 70퍼센트까지 할인해 팔았다. 반응은 대단했다. 이 좋은 물건을 할인 판매하고 가게 문을 닫는 거 아니냐는 의심을 살 정도였으니.

주인은 진열된 물건들 뒤로 기다란 액자 하나를 자랑스레 소개한다. 호형호제하며 지내는 현대미술 화가의 작품이다. 무언가 특별하진 않지만 볼수록 독특한 매력을 뽐내는 간판 역시 작가의 작품이다. 알지 못하면 보이지 않는 바닥의 그림도 마찬가지다. '형을 좀 도와줘!' 하는 협박적 부탁을 받은 화가는 자신의 재능을 동양백화점 곳곳에 기부했다. 동양백화점 주인의 인맥은 어디까지일까?

# 부녀회장을 자처하는 남자

술 좋아하는 사람치고 악한 사람은 없다고 했다. 거리낌 없이 술에 취한다는 것이 거짓과 꾸밈이 없기 때문이리라. 또한 상대를 믿기 때문이다. 알코올 덕분에 속 좋게 부탁을 들어주고 오지랖을 부리며 정의의 사도로 장렬한 싸움에 말려들기도 한다. 그래도 다시 술잔을 기울인다. 동양백화점 옆집, '밥+'의 탄생 비하인드 스토리에 끼어들게 된 사연의 시작도 술, 이었다.

"친해지고 술 한두 잔 기울이다가 내가 도울게요, 하고는 뭉친 거죠. 다음 날부터 뚝딱뚝딱 만들어 갔어요. 밥+의 주인 내외와 함께 일본에 가서 음식도 먹어보고, 안주인님이 직접 만들면서 메뉴들을 개발했죠. 동네에서 또 술 한잔하다 알게 된 술집의 건축 전공 여사장에게 부탁해서 없는 돈으로 밥+의 인테리어를 했어요. 저는 가게 이름을 고민하고 슬로건도 붙였죠. 강아지 안 됨. 도둑 안 됨. 담배 안 됨. 조미료 안 됨. 이런 말이 이렇게 좋은 반응을 불러올지는 몰랐어요. 보기만 해도 즐거운 일이죠. 그리고 나서 잘 모르는 사람들도 찾아오더라고요. 가게 자리를 봐달라거나 이름을 지어달라거나 인테리어를 좀 도와달라고요. 어쩌다 보니 그렇게 되었네요."

식당 운영은 상승 무드를 탔고, 그는 매번 끼니를 이곳에서 해결하고 있다.

"저도 이곳에 처음 들어올 때 주변의 도움을 많이 받았어요. 카페가 크게 안 되고 나서 가진 것도 없었으니까요. 상부상조하는 거죠. 옆집이 잘되니 자신감도 붙었어요. 아, 아직 죽지 않았구나. 또 다른 것을 해도 되겠구나 하고요. 혼자 망연자실하고만 있었다면 재개하지 못했을 거예요. 이 구역에서 알음알음 알게 된 많은 분과 그렇게 끈끈하게 연결되어 있어요."

술 한잔 나누며 의기투합할 사람이 옆에 있다면 우리는 꽤나 괜찮은 하루를 보낼 수 있지 않을까.

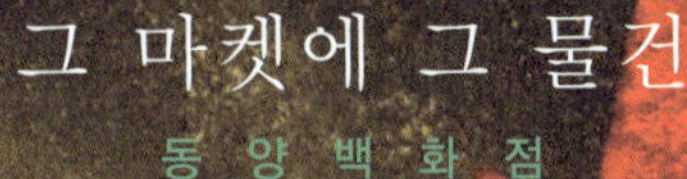


자체 디자인 소품
자체 캐릭터를 아이디어 소품에 입혀
탄생시킨 자체 디자인 소품

피규어
수집가들의 경쟁이 되는 각종
만화 캐릭터들의 피규어

앤티크 소품
오래된 시계, 라디오, 주방 용품 등
오래될수록 가치가 높아지는 물건

자체 제작 도마
목공예용 목재를 이용해
멋과 실용성을 강조한
인테리어 겸용 도마

# 서울시
# 종로구
# 창덕궁길 78

# –이노주단

"제가 좀 즉흥적이에요. 어떻게 될지 잘 몰라요.
재미가 없어지면 모든 것이 다 바뀔지도 모르죠."
대부분의 사람들은 그렇다.
그렇게 하고 싶지만 그럴 수 없는 상황 때문에, 결국 하지 못한다. 혹은 안 한다.
무언가를 하고 싶다는 생각 끝에는 늘 핑계가 존재한다.
즉흥적으로 인생을 살아간다는 여자를 만났다.
대화의 마지막 무렵 그녀는 자신의 일정을 슬며시 언급했다.
짧은 인연일지라도 서로의 입장을 배려하는 것이 느껴졌다.
그녀는 결코 즉흥적이지 않았다. 다만 핑계를 대지 않을 뿐이었다.
가장 합리적인 시점에서 옳다고 믿는 방법으로 자신이 원하는 길 위를 걷고 있었다.

젊은 희망으로 짓는
예쁘고 편한 한복

한복을 곱게 차려입은 마네킹이 보이는 통유리 위로 고개를 들었다. 하얀 간판의 구석에 '이노주단'이 새겨 있었다. 문을 열고 안으로 들어가자, 버선발로 마중 나와 인사하는 여인과 마주했다. 나 역시 신발을 벗고 실내화로 갈아 신었다. 단아한 한복에 수줍은 듯 미소 짓는 여자, 이곳의 주인이다.

이노주단의 탄생은 미국에서부터 시작한다. 그녀는 스무 살 무렵 부모님을 따라 이민을 갔다. 그곳에서 패션을 공부했다. 그리고 취업을 하고 패션 업계에 종사하게 되었다. 외국에 나가면 애국심이 강해진다고 했던가. 국가를 불문하고 전통적인 것을 좋아하는 그녀에게 애국심까지 더해져 우리의 전통 복식에 관심을 갖게 되었다. 처음에는 그저 관심으로만 끝날 줄 알았다. 무언가를 결정해야 하는 나이가 되었을 때 그녀는 홀로 무작정 한국으로 들어왔다. 처음부터 시작해보자는 마음으로 학교에 들

— **동네 창덕궁길**(원서동)

종묘와 창경궁을 지척에 둔, 창덕궁 바로 옆길이다. 세 이웃 중 세계문화유산에 등재된 곳만 두 곳이다. 그뿐인가. 아라리오갤러리를 시작으로 북촌아트홀, 한국불교미술박물관, 인사미술공간, 언강죽장전시관, 고희동가옥, 궁중음식연구원까지 우리 것을 보고 느낄 수 있는 전통 문화공간이 속속 자리하고 있다. 한복을 비롯한 전통 복식, 한지, 서예 등 전통 물건을 모두 한 길에서 만날 수 있다. 그 한국적인 분위기에 취한 외국인이 더 많이 찾는 북촌한옥마을도 코 닿을 거리다. 젊은 층의 방문이 꾸준히 늘어나고 있지만, 그 한국스러운 풍경 속으로 깊이 개입되는 일은 아직 적다. 전통을 사랑하는 마음을 가진 젊은 열정이 어느 곳보다 절실한 동네다.

**지하철** 3호선 안국역

— **마켓 이노주단**

자신의 작업 공간이면서 친구들과의 만남의 장소를 자처하던 연남동에서, 2014년 9월 창덕궁 옆 매장으로 이전했다. 연남동의 동네 분위기가 많이 달라진 것이 이사를 결심한 가장 주된 이유였지만 처음 한복을 만들고 사람들에게 이름을 알린 곳을 떠나는 일은 쉽지 않았다. 그러나 무한 긍정 에너지를 지닌 주인에게 중요한 것은 지금 현재일 뿐이다. 새로운 공간이 선사할 희망과 다짐을 확신했다. 더욱이 그녀가 선택한 곳은 한복과 너무나도 잘 어울린다. 전통에 대한 그녀의 애정을 과감하게 뽐낼 수 있는 장소인 것도 분명하다. 젊은 감각과 디자인으로 유명한 이노주단만의 특별한 한복 사랑. 앞으로의 더 활발한 활동을 기대해 본다

**주소** 서울시 종로구 창덕궁길 78 **전화** 02-322-7336
**홈페이지** www.inohjudan.com **페이스북** facebook.com/Inohjudanwork

어가려고 했지만 대입에 대한 정보 부족으로 바로 시작할 수 없었다. 자신의 선택에 조금씩 회의가 몰려오려고 했다. 생각은 자꾸 부정적으로 흘러갔다. 그대로 있을 수는 없었다. 학업을 시작할 수 있을 때까지 현장에서 조금이라도 배우자고 마음을 고쳐먹었다. 그렇게 한복 세상에 들어섰다.

처음 일했던 일터는 작은 공방으로 운영하는 곳이었다. 배우면서 일하기에는 최적이었다. 얼마 후에는 저렴한 한복을 대량생산하는 매장에 들어갔다. 그리고 유명한 한복 선생 수하에서 1년을 더 일했다. 일하면서 배우는 것은 학업이 자꾸 미뤄지는 단점도 있었다. 그러다 문득 전문적이고 이론적인 공부에 대한 필요성을 절감하게 되었다. 안타깝게도 한국 전통 복식을 공부하는 학과가 개설된 학교가 그리 많지 않았다. 그래서 단국대 평생교육원에서 공부를 시작했다. 학기 중에는 주어진 과제를 해내느라 정신이 없었다. 그렇게 1년을 보내고 스스로 정리할 시간이 필요했다. 그맘때 작업실을 찾게 되었다. 그녀는 여전히 공부 중이다.

그렇게 2012년 2월 2일 이노주단을 오픈했다. 이곳의 한복은 딱 봐도 젊다. 소박한 듯하면서도 세련된 디자인에 은은하고 특이한 색감은 사람들을 단번에 사로잡았다. 이노주단의 패션 철학은 간결하고 정확하다. 첫째도 예뻐야 하고 둘째도 예뻐야 한다. 그리고 셋째로 편해야 한다. 나이를 불문하고 이노주단의 스타일을 선호하는 사

람들이 늘어나는 이유이다. 예쁜 것을 보는 눈은 누구나 비슷하다.

각각의 고객에게 맞는 한복을 매번 다르게 만든다. 이노주단에서 만든 한복은 단 한 번도 같지 않다. 아는 사람의 한복을 보고 찾아온 고객이 그것과 똑같이 만들어 달라고 주문해도 달라진다. 이것이야말로 수제품의 매력이다. 그래서 이노주단에서 한복을 맞추는 고객들은 약간의 귀찮은 일정을 감수해야 한다. 첫 만남에서 길고 지루한 상담을 지나 몇 번의 소통이 오가야만 옷 한 벌이 완성되기 때문이다. 그렇게 해야만 만드는 사람도 입는 사람도 온전히 만족할 수 있다.

간판에서부터 공간을 꾸민 모양새가 여유롭기 그지없다. 무엇보다 그녀의 하얀 버선과 단출한 한복이 순수하고 맑다. 저고리 끝에 달린 귀여운 모양의 옷핀이 자꾸만 미소를 불러온다. 예쁘고 편안한 옷차림이 평상복으로도 손색없어 보인다. 결혼식 같은 특별한 날에만 입는 옷이라 생각했던 한복이 자꾸만 갖고 싶다. 내 인생에서 절대 없을 것 같은 청순가련한 분위기가 이곳에서라면 만들어질 것만 같다. 한복에 대한 새로운 발견이다.

# 전통을 공유하고 싶은 여자

"'누에에게 미안해'라는 프로젝트를 진행하고 있어요."
순간 무슨 말인가 싶었다. 네? 누구한테 미안하다고요? 그
녀는 17세기에서 19세기의 복식을 따르며 옷을 짓는다. 짐
작컨대, 당시의 상황은 그리 넉넉하지 않았을 것이다. 천
을 짜고 구하기도 힘들었으니 쓸데없이 버려지지 않기 위
해 애썼을 테다. 한국 전통 복식을 배우면서 알게 되었다
고 그녀는 설명했다.
"옷을 짓다 보면 버려지는 천들이 있잖아요. 우리 조상들
은요, 그런 자투리 천들을 모아 무언가를 만들었죠. 누에
를 통해 천을 얻는 것도 조금 서글픈 일이고요. 그래서 시
작한 작업이에요."
그래서 누에에게 미안하다는 얘기다. 누에의 희생으로 귀
한 천을 얻어 옷을 지었으니 누에의 희생이 헛되지 않기
위해서는 천을 함부로 버려서는 안 되었다. 생명과 환경을
소중히 여기는 그녀의 마음이 담긴 제품들이 매장 구석에
다소곳이 놓여 있다.
"외국에 있으면서 자신의 뿌리를 보면 더 애틋하잖아요.

솔직히 마음이 조금 아팠어요. 우리 것이 좋고 아름답지
만 그 안에 있으면 잘 모르더라고요. 좀 더 시간이 필요하
겠지요. 옷으로 시작했지만 앞으로 전통과 현대를 연결해
서 젊은 친구들과 나누고 싶어요. 조금 더 현실적인 꿈이
죠. 사실 6년 전 한국에 들어올 때는 한국의 멋을 전 세계
에 알리고자 다짐했거든요. 그런데 들어와 보니 우리도 잘
모르더라고요. 우리 것을요."
그녀의 인생은 참으로 유쾌하다. 삶이 주는 대로 받아들
이고 스스로에게 재미가 없어지면 미련 없이 떠날 준비도
되어 있다. 그녀가 삶을 대하는 태도에 회의란 것이 찾아
올 틈이 없기를 기원한다. 우리가 우리의 것을 제대로 알
게 되는 그날까지.

# 그 마켓에 그 물건



이노주단의 한복은 색감이 독특하다. 다른 곳에서는 보기 힘든 색이 많다. 차분하고 조용하다. 화려함보다는 소박한 수수함에 더 집중한다. 맞춤 한복 전문이지만 주인 없는 한복은 대여할 수 있다. 한복을 짓고 남은 자투리 천을 활용한 다양한 소품도 판매한다.

일생 동안 자신의 옆에서 세월을 함께한 옛 물건들을 파는 할아버지를 만났다.
그는 대화가 끝날 무렵 "이런 거 부탁해도 될지 모르겠지만…"이라는 말과 함께
나의 수첩에 이렇게 적었다.
'추억을 파는 늙은이'
자신을 그렇게 불러달라는 것이었다.
나는 한동안 의아한 표정을 지었지만, 대화 내용을 되새겨보니 왠지 이해할 수 있었다.
늙은이라는 단어는 골동품의 또 다른 이름일지도 모른다.
옛 추억을 떠올리게 하며 제 가치를 여전히 간직한 골동품 말이다.

# ―유진컬렉션

<table><tr><td>시간이 깃든<br>물건들</td><td>주인을 만난 나는 이러저러한 사람이라는 의미로 명함을 내밀었다. 반면 주인은 두 장의 자필 소개서를 건넸다. 나를 기다리며 작성한 것이었다.</td></tr></table>

"지난번 다른 인터뷰 때도 이렇게 적어주니 좋아하더라고요. 악필이긴 하지만 알아볼 수 있겠죠?"

정말 오랜만에 받아 든 손 글씨 편지(?)에 감격하며 잠시 읽어보니, 그 내용과 문체에 또 한 번 탄성이 새어나왔다. 80여 년의 삶을 간결하게 적어놓았지만, 그 속에는 주인의 희로애락이 고스란히 배어 있었다.

주인은 1934년생이다. 일찍이 소년 가장이 되어 누이와 생활하던 중 취미로 구제품을 모으기 시작했다. 가장 먼저 그의 손에 들어온 것은 친구에게서 얻은 쇠통 라디오였다. 처음으로 직접 구입한 것은 일명 박스 카메라. 주인은 당시 직접 촬영했던 사진

— **동네 소공로**(회현동2가) **회현지하쇼핑센터**

시간이 멈춘 보물섬이라는 애칭을 가지고 있다. 그도 그럴 것이 회현지하쇼핑센터는 빈티지와 클래식, 아날로그의 집합소 같다. 빈티지 콘셉트의 카페에나 찾아가야 볼 수 있을 법한 LP와 오디오가 어느 테크노마트의 최신 미디어 기기만큼 가득하다. 처음 준공된 1977년부터 이곳을 지켜온 상인들도 많다. 자식 세대가 이어서 운영하는 곳도 여럿인 것을 보면 전국 빈티지 시장의 중심이라는 생각도 든다. 근래에는 젊은이들의 발걸음이 많아졌다. 지금은 바야흐로 '과거로의 여행'이 대세이기 때문이다. 2014년 6월에는 제1회 '아날로그 페스티벌'이 개최되었다.

**지하철** 4호선 회현역

— **마켓 유진컬렉션**

있을 유有와 떨칠 진振을 사용하는 '유진'이라는 단어는 오래전 출판사를 운영할 때 사용했던 이름이다. 어느 날 아내는 주인에게 집 안에 쌓인 엄청난 양의 물건들을 나중에는 어떻게 해야 좋을지 모르겠다고 했다. 그때 주인은 자신의 뒤를 이어 오래된 물건의 가치를 알고 제대로 지켜줄 새 주인이 필요함을 깨달았다. 오랜 상인들과 물건이 가득한 혜화동에 자리를 잡고 예전 출판사 이름을 다시 내걸었다. 주인은 유진컬렉션의 작은 공간 속에 물건을 빼곡히 채워놓고 심심하면 물건들과 얘기도 나누고, 물건들을 깨끗이 손질하고 정리하면서 그들에게 딱 어울리는 주인을 함께 기다린다. 회현지하쇼핑센터에 자리를 잡은 것은 채 10년이 안 됐다. 이곳의 다른 상가에 비해 유진컬렉션은 무척 젊다.

**주소** 서울시 중구 소공로 지하58 회현지하쇼핑센터 나-4호 **전화** 010-9489-3239

을 아직도 간직하고 있다. 적어준 종이 위에 이런 글귀가 있다.

'첫날 찍은 흑백사진이 지금도 남아서, 까까머리 검은 교복의 홍안 소년이 지금도 웃고 있네.'

주인은 흑백사진과 홍안 소년이라는 단어로 젊은 날의 열정을 회상하고 있었다. 그리고 마지막 단락으로는 유진컬렉션의 미래를 정리했다.

'나는 하나의 역사를, 추억을 후대에 전수한다는 자부심(?)으로 자위함. 언제까지 할지 모르나 움직일 수 있을 때까지 좋은 사람들에게 좋은 추억거리를 넘겨주고 싶음.'

골동품을 수집하는 이유다. 오랜 것, 즉 골동품에는 사람의 역사와 문화가 아로새겨져 있다. 그리고 그것은 후대에 이어져야 하기 때문이다. 근래에 만연하는 골동품과 유물 등을 활용한 재테크 같은 의미가 아니다. 인류사에 빠지지 않는 물건사史를 이어가는 작업이다.

"하지만 사실 골동품의 가치는 보는 사람마다 달라요. 이곳에 다양한 손님들이 오고가는데, 모두가 한결같이 추억에 잠기고는 하죠. 연세가 지긋하신 분들은 어린 시절에 직접 보고 사용한 물건들이니까요. 물건 자체보다 추억이 얹어진 '그' 물건이 귀해지는 거죠. 그런데 특히 많이 듣는 말 중에 하나가 '우리 집에도 비슷한 거 있었는데 저도 버리지 말걸 그랬네요'예요. 쓰다가 조금 고장 나면 폐물인 줄 아는 거지요. 그러면 당연히 버리게 되고요. 상표가 좋은 것이건, 기능이 훌륭하건 시간이 지나면 희소가치가 상승하지만, 관심이 없는 사람들은 잘 모르고 버리게 되죠. 결국 골동품은 얼마나 오래되었는가와 세상에 몇 개나 있는가가 관건이에요. 그걸 알아보느냐, 그렇지 못하느냐도 포함되고요."

이런 설명 끝에 주인은 한 가지 이야기를 들려주었다. 어느 우표 수집가가 세상에 두 장뿐인 우표 한 장을 손에 넣었다. 그리고 나머지 한 장을 가진 주인을 찾아가 거액을 주고 그것을 구입했다. 그러고는 그 자리에서 찢어버렸다. 옳고 그르고를 떠나 물건

이 희소할수록 가치가 높아진다는 일례다. 단순히 가격 상승을 목적으로 하는 것은 아닐 터이다. 자신만 가지고 있는 물건에 대한 조금은 빗나간 애정일 터다.

"예전에는 출판업에도 종사했었죠. 현업에서 물러나고 몇 년 지나 가게를 하게 되었어요. 안사람이 걱정을 하길래, 소일거리나 할 겸 나오게 되었지요. 지금은 5시면 문 닫고 집에 가요. 종일 하나도 못 파는 날이 있죠. 그저 사람 만나고 이야기 듣는 재미로 해요. 듣기만 하는 것은 다소 힘든 일이긴 하지만요. 물건들이 오래되다 보니, 얘기를 시작한 사람들이 회상에 젖다가 감상에 빠져 이야기가 길어져요. 장사에는 재주가 없어서 뜻하지 않게 작은 박물관이 되었네요. 그래도 이 자리를 지키고 싶어요. 저기 있는 카메라 보이죠? 하나는 1931년산이고 옆에 것은 1936년산이죠. 제가 1934년 생이니까 제 형제 같은 것들이에요. 어서 좋은 주인을 찾아주고 싶어요."

물건은 남겨져도 사람은 추억 속에만 잠시 머물다 사라진다는 말도 덧붙였다. 내가 주인과 유진컬렉션을 만나 이렇게 책이라는 물건에 새길 수 있는 것이 얼마나 다행인지 모른다고 생각했다.

# 늙은이라 불리고픈 남자

"아니, 늙은이 맞잖아요. 사람들한테 곧잘 말하고는 하지요. 여기 있는 물건처럼 누군가 돈 주고 사가지는 않지만, 이 정도면 오래 살아온 늙은이라고요. 물건은 대단하죠. 사람은 사라져도, 물건은 좋은 주인만 만난다면 상상할 수 없는 오랜 세월을 살 수 있어요. 또 그렇게 생각하면 사람 역시 대단하고요. 많은 물건들이 금세 사라지기도 하지만, 이렇게 가치를 인정받는 것들은 또 누군가의 눈에 띄죠. 그래야 골동품이 되어 역사와 추억을 후대에 전할 수 있으니까요."

그래도 늙은이라는 명칭은 좀 그렇지 않냐는 말에 그는 설명했다. 결국 오래된 것들의 값어치를 잘 알아볼 수 있는 안목이 모두에게 필요함을 되새겨주는 이야기였다. 정말이지, 골동품에서 흘러나오는 기운은 새것의 그것과는 다르다. 신제품의 포장을 막 뜯으면 알싸한 냄새와 뻣뻣한 표면이 주는 감동에 휩싸인다. 하지만 누구나 알고 있듯이 그 감흥은 오래가지 않는다. 사용 즉시 생활의 흔적이 물건 곳곳에 배고 첫 만남의 기쁨은 곧 다른 물건으로 옮아간다.

골동품은 어떠한가? 촌스러운 외형에 기능도 불안하다. 하지만 왠지 아껴줘야 하고, 더 자주 만져줘야 할 듯하다. 그렇게 했을 때 더 오래 나와 함께하겠다는 무언의 약속을 받을 수 있다. 거기에 지난 주인들의 역사를 궁금해하고 그들을 상상하게 된다.

"여기 있는 물건들은 모두 작동해요. 단순히 인테리어 소품을 위한 제품들이 아니죠. 무엇을 들여오든 저는 다 고쳐놓아요. 제대로 사용할 수 있어야 그 물건이 다시 생명을 부여받았다고 할 수 있죠. 물건은 고장 나면 고철, 고물이지만 작동하면 부활하는 거예요."

그렇게 말하고는 1970년대 만든 플라스틱 레코드판으로 음악을 틀어주었다. 귀에 익은 음악. '돌아오라, 소렌토'라는 동요의 원음이다. 지직거리는 기계음과 함께 들리는 가수의 목소리와 음율. 빙글거리는 레코드판…. 잠시나마 경험해본 적 없는 당시의 공간으로 들어갔다. 음악이 멈추고 다짐했다. 언젠가 나도 그와 그의 물건들처럼 가치 있는 늙은이가 되리라고.

# 그 마켓에 그 물건



주인이 수집을 시작한 지는 40년이 되었다. 가장 많이 모은 것은 카메라였다. 필름 카메라 1천여 대를 모아 박물관을 차리고 싶었지만, 여의치 않아 600여 대에서 멈추었다. 그리고 관심 있는 여러 종류의 것들과 함께 가게를 열었다. 이제는 100여 대의 필름 카메라와 1900년 초에 제작된 벽걸이 전화기, 빅터5 나팔 축음기, 레밍턴 타자기, 퀼러 재봉틀, 1970년대 생산된 선풍기 등이 매장을 지키고 있다. 사용할 수 없는 장식용이 아니다. 라디오나 축음기에서 음악이 새어나오고, 카메라는 형상을 찍고, 재봉틀은 바느질을 한다. 탁탁 소리를 내며 돌아가는 선풍기도 마찬가지다. 그리고 주인은 물건을 구입할 때 그와 관련한 역사도 함께 들여온다. 보기에 좋다고 다가 아니라는 말을 기억하며, 주인의 이야기에 귀를 기울여야 할 것이다.

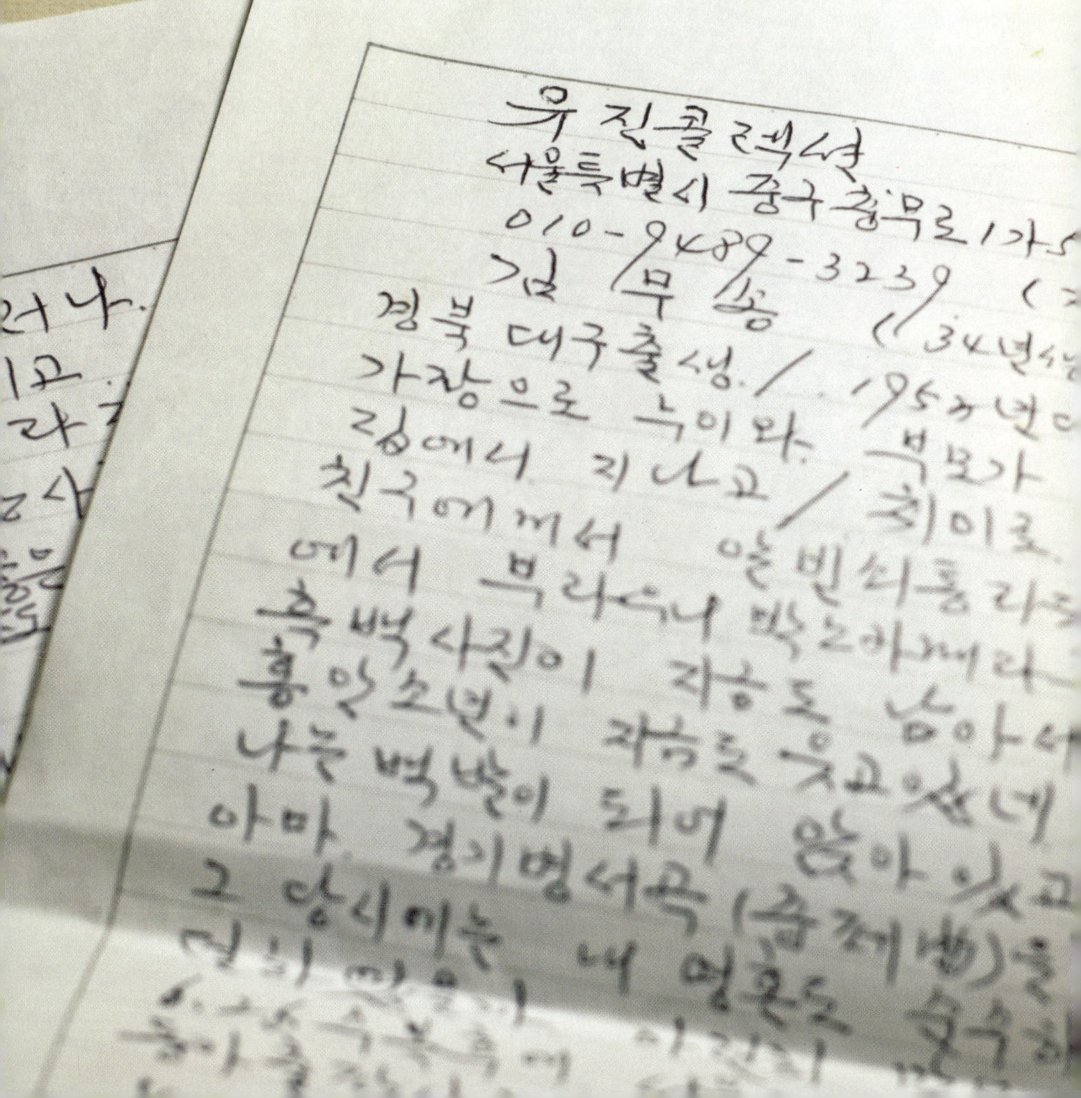

정말 어렵게 돈을 모아 필름 카메라 하나를 장만했다.
벌써 십수 년 전의 일이다. 그때 한동안 밥을 먹지 않아도 배가 불렀다.
시간이 지나면서 현실적인 문제로 가슴 아픈 적도 많았지만
카메라와 함께하는 조금 부족한 지금이 여전히 좋다.
수천 가지의 생명 속에서 그녀들이 숨 쉬고 있다.
서로의 존재가 세상의 중심이 되어 가장 강한 힘이 되어주고 있다.
자신의 공간 안에 존재하는 모든 것에 생명을 부여하는 일은 쉽지 않다.

# –인피오라타

꽃이라는 생명을
키운다는 것

뜻하지 않게 주목받는 여자가 되었다. 지나는 사람들이 연신 나를 바라보았다. 괜스레 목에 힘이 들어간다. 허리를 펴고 단정하고 도도하게 걷는다. 알고 있다. 그들은 나를 보는 것이 아니다. 내 손에 들린 왁스플라워를 바라보고 있었다. 손에 무엇을 들고 있는지에 따라 주변의 시선도 자신의 행동도 달라진다. 소담하고 반짝이는 왁스플라워는 오해를 먼저 받는다. 말도 안 되게 예쁜 사람을 보면 성형 의혹이 드는 것처럼 생화인지 조화인지 의구심이 살며시 날아든다. 어느 성격 좋은 아주머니는 아무렇지 않게 손을 뻗어 여린 녀석들의 볼을 만지작거리기도 한다.

"만지지 마세요. 눈에 양보하세요."

딸랑, 문에 걸어둔 종소리가 향기의 시작을 알린다. 꽃향기가 바람처럼 훅하고 온몸을 감싸 안는다. 첫술에 배부르랴 하는 말은 이곳에서 통하지 않는다. 첫걸음에 충분히 배가 부르다. 나비가 뱃속에 날아 들어오는 사랑의 감정이 꿈틀거린다. 꽃, 너는

— **동네 창의문로**(부암동)

부암동. 서울이 맞지만 눈에 띄는 개발이 이루어지지 않는 것이 그저 다행스럽다. 서울 한복판에 자리하고 있으면서도 모퉁이에 있는 듯한 풍경을 간직하고 있다. 하늘을 가릴 만큼 높은 건물도, 일부러 펼쳐놓은 4차선도로도 많지 않다. 그래서 정겹다. 옆집 행사가 곧 우리 집 일이고, 안쪽에 숨은 듯 자리한 이웃의 소식이 골목을 돌며 전해진다. 방 안에 잘 모셔두고 그날의 특별한 기억에 미소 짓고 싶은 잘 말린 드라이플라워 같다. 가게가 있는 바로 옆 사거리에서 하늘을 향해 눈을 돌리면 듬직하게 자리를 지키고 있는 창의문이 보인다.

**지하철** 3호선 경복궁역

— **마켓 인피오라타** Infiorata

인피오라타는 이탈리아어로 '꽃을 딴다'라는 뜻이다. 이탈리아의 도시 젠차노에서 매년 6월에 열리는 꽃 축제의 이름이기도 하다. 거대한 꽃 양탄자 위를 걷는 사람들의 발걸음은 상상만으로도 행복에 겹다. 부암동 길가에 자리하고 있는 작은 꽃집. 인피오라타는 그 단어에 기인한다. 오롯이 지금의 자리에 터를 잡기 전에는 역삼동에도 매장을 함께 운영했다. 역삼동에서는 모두가 함께 지려 밟는 꽃 양탄자의 환경이 될 수 없었다. 그래서 동네 꽃집이라는 당연한 호칭으로 지금껏 부암동에 자리하고 있다. 동네의 유일한 꽃집이면서 주인들의 작업 공간이고 꽃을 사랑하는 사람들의 배움터이기도 하다.

**주소** 서울시 종로구 창의문로 134 **전화** 02-2051-5465 **홈페이지** infiorata.co.kr

나에게 도대체 무슨 짓을 한 것이더냐!

"당신의 미소를 보기 위해 나는 태어났습니다."

인피오라타의 여주인은 가게 안에 자리 잡고 있는 아이(!)들을 그렇게 설명했다. 같은 직장을 다니던 두 여자는 어느 날 동업을 모의했다. 꽃과 꾸미기가 취미이자 희망인 공통점이 둘을 묶어주었고, 꽃집이라는 로맨틱한 소재도 결정할 수 있었다. 창업 초기에는 매달 꼬박꼬박 들어오는 월급 없이, 있던 돈을 고스란히 투자했다. 하지만 둘은 애초에 돈을 좇아 가게를 낸 것이 아니었다. 좋아하는 것을 한다는 것만으로도 위로를 받을 수 있었다. 역삼동과 부암동에서 매장을 운영하면서 동네의 특색이 피부로 와 닿았다. 그녀들이 바라보는 꽃과 딱 들어맞은 동네는 소박한 부암동이었다. 연희동에서 자란 주인에게 고향 같은 곳이기도 했다. 그녀들의 생각은 정확했다.

옆집 옆에 또 옆집, 거리 맨 끝에 자리한 가게들까지 모두 이웃사촌이 되었다. 주민들은 인피오라타를 말 그대로 동네 꽃집이라 부른다. 꽃이 필요할 때는 물론, 지나는 길에도 가게 문을 딸랑이며 안으로 들어온다. 통유리 너머에서 고개를 까닥이며 그녀들과 꽃들에게 무언의 인사를 건넨다. 먹어보라며 빵 봉지를 건네는 다른 동네 단골들도 그녀들의 빼놓을 수 없는 기쁨이 되었다.

보통 시장에서 꽃을 들여오는 날은 월·수·금요일이다. 이른 아침 어김없이 시장으로 나가 그날 가장 빛나는 녀석들을 품에 안고 돌아온다. 사심이 가득하다. 자신들의

눈에 예쁜 아이들을 인피오라타 매장 안에 들여놔야 마음이 놓인다. 어느 날은 떠나 보내고 싶지 않기도 하다. 구입하고 싶다는 의사를 밝히는 고객 몇을 그냥 보내고 왠지 특별히 더 잘 보살펴줄 것 같은 주인이라 생각되는 경우 어렵게 판매한다. 마치 애지중지 키운 딸을 시집보내는 심정이리라.

"아무렇지도 않게 툭툭 건드리면서 꽃잎이 잘 붙어 있는지 확인하는 손님들한테 화가 나요. 물어보면 친절하게 설명해줄 텐데 말이죠. 이 아이들은 최선을 다해 생명을 지키고 있어요. 사람들을 기쁘게 해주는 것이 천명인 거죠. 절화니까 죽은 거라고 생각하면 안 돼요."

싱그러운 꽃과 화분들 사이로 벽면에 걸어둔 말린 꽃다발이 보인다. 드라이플라워다. 꽃집 아가씨 한 명은 어느덧 한 아이의 엄마가 되었다. 향기로운 공간에서 사랑의 결실을 맺게 된 셈이다. 웨딩 촬영 때 인피오라타에서 수업을 받고 창업까지 하게 된 어느 수강생에게서 리허설 부케를 선물 받았다. 결혼식날에는 동업자가 세상 하나뿐인 아름다운 부케를 만들어 주었다. 그 둘을 잘 말려 지금까지 매장 벽면에 걸어두고 있다. 그때의 흔적인 드라이플라워는 그대로 하나의 추억이다. 그리고 사랑에 대한 증거다.

# 향기로운 몸짓을 지닌
# 두 여자

혹여 보기만 해도 애처로운 아이가 있냐고 물었다. 벅차오르는 감정에 어찌할 바를 모르는 표정이 역력하다. 열 손가락 깨물어 안 아픈 손가락이 있을쏘냐, 되묻는 것 같았다. 가장 좋아하는 꽃은 무엇인지 다시 물었다.
"작약이요!"
이번엔 거침이 없었다. 그녀에게 보고 또 봐도 예쁜 녀석은 작약이다. 안 아픈 손가락은 없을지라도 볼 때마다 웃게 하는 자식은 분명 있다. 작약은 그런 존재다. 우리말로는 작약, 외국어로는 피오니Peony로 불리는 탐스러운 꽃이다. 작약은 무엇보다 향이 압권이다. 우리가 집에서 흔히 사용하는 섬유유연제나 목욕제에 많이 쓰이는 향이다. 누구에게나 익숙한 듯한 향기를 풍기는 꽃이다.
다른 주인에게도 같은 질문을 했다.
"라넌큘러스."
꽃은 그저 보는 것밖에 모르는 나에게는 생소한 이름이다. 그녀들은 그런 나에게 사진을 보여주며 설명했다. 300개가 넘는 꽃잎이 동그랗게 모여 있는 꽃이다. 동그란 형태는 시간이 지날수록 환하게 펼쳐진다. 얼핏 장미로 오인할 만큼 화려하다. 습지나 연못에서 자라는 이 아이들은 매우 예민하다. 오래 지켜보고 싶다면 그만큼 세심한 관리가 필요하다.

연신 미소를 잃지 않고 부드럽게 이야기를 전해주던 여인은 작약을 닮았다. 그리스신화 속 작약을 처음 약용으로 사용한 패온Paeon의 지혜가 묻어난다. 바다 한가운데 떠 있는 섬처럼 다가가기 힘든 여인은 라넌큘러스를 닮았다. 매력과 매혹이라는 꽃말이 그대로 전해진다. 쉽게 만질 수 없어도 한번 웃음에 모든 경계가 풀어진다. 볼수록 알고 싶은 꽃 같다.
자신이 이 땅에서 해야 할 일을 다한 꽃들에게 박수를 보낸다. 이제는 더 이상 수명이 다한 꽃들을 쓰레기통에 버리지 않기로 했다. 집 앞 공터 흙 속에 묻어주리라. 그 앞을 지날 때마다 내 곁에 머물다 간 녀석들을 떠올릴 테다. 그리고 어느 향기롭고 촉촉한 마음이 그리운 날. 다시 그녀들이 있는 곳으로 걸음을 옮길 것이다.

# 그 마켓에 그 물건



꽃시장은 일주일에 네 번 다녀온다. 계절에 맞는 꽃 중 가장 예쁜 아이들을 매장으로 가져온다. 화분도 마찬가지. 현장 포장도 가능하고 예약도 할 수 있다. 화분은 원하는 디자인으로 주문 제작 할 수 있다.  구입 시 물어보면 해당 꽃과 화분 등을 잘 관리할 수 있는 방법을 알려준다. 포장은 물론 꽃이나 화분을 담아주는 종이봉투에서마저 이곳만의 소박함이 멋스럽게 드러난다.

# —한밭대장간

조선시대 중종 때 도술가로 알려진 전우치는 실존인물이면서 전설 속의 주인공이다.
그의 후손이 노량진에서 칼을 갈고 있다.
자신의 존재를 높일 줄 알고 자신의 직업을 귀하게 여길 줄 아는 사람에게서
뿜어져 나오는 카리스마는 누구도 흉내 낼 수 없다.
"최고가 되는 것이 어렵다고 생각하겠지만 사실 쉬운 거야.
다른 사람만 따라가려니까 어려운 거지.
자신만의 방법을 찾아서 거기서 최고가 되기 위해 노력하면 쉬워. 그것만 하면 되니까."
대장간 주인은 강한 기운으로 말했다.
새벽과 아침 사이에서 나는 무언가에 홀린 듯 그의 이야기에 집중했다.
자긍심으로 빛나는 그의 카리스마는 또한 무척이나 온화했다.
영화 속에 비쳐진 전우치의 후손답다.

새벽의 수산시장은 역시 시끌벅적했다. 언젠가 학창
시절에 삶이 고단하게 느껴지거나 게으름으로 방바닥
을 무덤 삼아 누워 있기만 할 때, 밤을 꼬박 새워 새벽
시장을 찾아가고는 했다. 그 활기찬 풍경에 나도 열심히 살자고 잠시 다짐하고는 집
으로 돌아와 낮잠을 자고 다시 어제와 별반 다르지 않은 일상을 살았다. 당시에는 열
심히 산다는 것이 아침형 인간으로 하루하루를 살아가는 것이라고 생각했다. 시간이
지나 주민등록증 번호가 멀어질수록 각자에게 맞는 일상과 열정이 있는 것이라며 스
스로를 위로하게 되었다. 더 이상 새벽시장을 찾지 않고 시장 풍경에 감동하지 못하
는 어른이 되어버린 것이다. 그러다가 일이라는 핑계로 참 오랜만에 검푸른 시계 속
시장을 찾았다. 한밭대장간의 주인을 만나기 전까지는 여전히 별다른 감흥 없이.
막연하게 생각했다. 칼 만지는 사람에 대한 일종의 편견이었을 수도 있다. 무섭지 않

— **동네 노들로**(노량진동), **노량진 수산시장**

나는 노량진에서 유년 시절을 보냈다. 아빠의 손을 잡고 횟감을 고르러 가는 길은 언제나 즐거웠다. 회나 생선
을 먹는다는 기쁨보다 신 났던 것은 비릿한 물이 바닥에 흥건한 수산시장 곳곳을 구경하는 일이었다. 몇십 년
이 지난 지금도 수산시장 풍경은 여전하다. 새벽녘에는 일반인들보다 소상인들의 거래가 더 많다. 고개를 조금
만 수그려 생선들을 바라볼라치면 주인들은 여지없이 큰 소리로 물건을 권한다. 같은 품목인 듯 보여도 주인의
성향에 따라 전문 분야는 나누어진다. 서로가 공유하는 은밀한 상권 비밀을 가지고 있고 서로 침범하지 않을 각
자의 속마음 또한 가지고 있다. 대부분의 가게는 대를 이어 처음 이곳이 생겼을 때부터 운영되는 곳이다. 이곳
을 찾는 손님들 역시 마찬가지다.

**지하철** 1호선 · 9호선 노량진역

— **마켓 한밭대장간**

아버지의 대를 이은 주인과 주인의 뒤를 따르는 아들까지. 한밭대장간의 역사는 4대에 걸쳐 있다. 논산과 대전
의 대장간에서 작업을 하다가 노량진 수산시장에 터를 잡은 지는 8년이 되었다. 그리고 3년 전부터 홈페이지와
블로그 등을 통해 칼을 만들고 다루는 법, 수입 칼에 대한 정보를 공개하기 시작했다. 노량진 한밭은 수산시장
의 운영 시간에 맞춰 새벽 3시부터 오후 3시까지 운영된다. 주인은 일주일에 두세 번 대전 한밭으로 가서 작업
을 한다. 수산시장의 일은 아들에게 맡겨둔다. 아버지와 아들이 짙게 내려앉은 어둠 속에서 작은 불빛 하나에 의
지해 불꽃을 튀기며 칼날을 가는 풍경. 한밭대장간의 새벽은 그리도 진지하다.

**주소** 서울시 동작구 노들로 노량진 수산시장 내 **전화** 02-823-1253 **홈페이지** www.hankal.kr

을까 하는 마음이 대장간을 찾아가는 길에 두려움을 안겨주었다. 주인의 풍채는 칼 만지는 사람다웠다. 예상은 그대로 맞아떨어졌다. 굵직하고 힘 있는 목소리와 묵직하지만 날렵한 행동거지에 주춤하며 어깨를 움츠릴 수밖에 없었다. 하지만 카리스마 혹은 기가 센 것으로 치면 누구 못지않은 나는 온 힘을 다해 주눅 든 마음을 다잡고 절대 줄지 않는다며 두 눈을 부릅떴다. 그런 나의 마음은 한낱 우스꽝스러운 기우였을 뿐이었다. 내가 만난 대장간 주인은 학자이고 만담꾼이며 따스한 아버지였다.

대장장이는 철을 다루는 사람이다. 오래전 농경사회에서 철로 된 많은 농기구를 사용했다는 것을 모르는 이는 없을 것이다. 하지만 현대사회에서 대장간 혹은 대장장이를 볼 수 있는 곳은 박물관을 포함해 몇 되지 않는다. 작금의 대장간은 철을 다루어 칼이나 농기구 등을 만드는 일은 줄고 판매점에서 구입한 것들의 수선 작업이 늘었다. 한밭대장간 역시 마찬가지다. 노량진에서는 주변 상가에서 사용되는 칼을 갈아주는 일이 주 업무다. 물론 평생을 대장장이로 살 것을 자처한 주인은 일주일에 하루 이틀은 대전에서 철 다루는 작업을 놓지 않고 있다.

주인은 대장장이도 무형문화재를 받아 마땅하다고 생각했다. 여러 편의 논문도 쓰

고 제자도 육성하고 역사를 뒤져 명맥을 유지하고자 노력했다. 하지만 현실의 벽은 높고도 허무했다. 칼에 관해 책으로만 읽던 심사위원들은 말도 안 되는 이론을 읊으며 이러저러한 조건을 제시했다. 주인은 고개를 가로저었다. 오랜 시절부터 천하게 여겨졌던 대장장이라는 직업, 나의 자긍심만으로 지키리라 결심했다. 대장간이 놀이터였던 아들은 아버지의 곁을 지킨다. 먹고살 게 없어서 억지로 따르는 길이 아니다. 칼 있으마의 카리스마를 아들도 충분히 이해하기 때문이다. 손발이 척척 맞아떨어지는 그들의 작업 현장에는 무시무시한 칼 꾸러미를 든 손님들이 끊임없이 찾아온다. 오고 가는 지역 상인들과 농담도 주고받고 호탕한 웃음을 지어 보이는 주인은, 칼 가는 작업대에 앉는 순간 물과 불이 튀는 쇳소리 속에서 진지함을 넘은 경건함으로 중무장한다.

더없이 밝은 기분과 기운을 가지고 큰 소리로 인사를 나누었다. 그리고 돌아 나오며 마주한 시장 풍경은 첫 걸음과 사뭇 달랐다. 탄산음료의 캔 뚜껑을 따면 터져 나오는 물방울이 손목 주변을 간지럽히는 듯한 상쾌함이었다. 그 동네, 그 가게의 존재로 주변 공기가 달라짐을 느꼈다. 실로 오랜만에 마주한 사람이라는 여행.

# 그,
# 다운 남자

영업을 위해 칼을 잡는 사람은 물론이고, 가족을 위해 칼을 드는 사람들까지 생각해보니 일상에서 가장 흔하게 접하는 도구가 칼이었다. 어느 사물이 그렇지 않을까마는 공장에서 나왔건 대장간에서 만들어졌건 칼이 세상에 나와 주인을 만나면 그 형태는 그에 따라 변형된다. 칼 가는 작업이 주를 이루는 노량진 한밭에서 그는 칼 잡는 사람들의 어려움과 마주하게 되었다. 손가락 변형은 물론이고 대부분 관절염에 시달리고 있었다. 돈이라는 대가를 받고 하는 일이지만 자신이 할 수 있는 칼에 집중해 그들에게 일말의 도움이라도 주고 싶었다.

"어느 젊은 친구가 자신이 쓰던 칼들을 가져온 거야. 근데 그 칼들이 영 시원치 않더라고. 그래서 조용히 불렀지. 평소에 칼을 어떻게 쓰는지 물어봤더니, 내 생각대로 막 쓰고 있더라고. 그래서 한참을 붙들고 잔소리 아닌 잔소리를 했지. 지금? 일주일에 두세 번씩 찾아와. 장사가 훨씬 잘된다더군."

칼을 잘 쓰면 재료에 집중하게 되고, 그러면 자연히 음식 맛이 좋아진다고 그는 설명했다. 자신의 애정 어린 충고에 귀 기울이면 오랫동안 좋은 관계가 유지되지만 서로의 전문 분야를 존중하지 않는 사람은 가차 없이 등을 돌린다. 그는 두 눈을 부릅뜨고 말했다.

"절대 안 보지. 정의에서 벗어나면 아무리 손님이라도 왕이 될 수는 없는 거야."

흠칫. 하지만 함께 이야기를 나누는 동안 우리는 서로를 존중하고 있음을 충분히 알고 있었다. 달달한 한밭표 믹스커피를 들이켜며 웃었다. 멋지세요.

"아들! 아버지의 그 외국 여자 친구가 언제 다녀갔었지? 그렇지? 한 두어 달 되었지? 말은 안 통해도 칼 하나로, 눈빛으로, 어이어이하는 것으로 다 통해. 어려울 것이 무어 있는가. 생각이 같으면 이미 통하는 사이인 거야."

칼에서 묻어나오는 쇳가루와 함께 수산시장의 비릿한 내음 속에 바른 자세로 자리를 잡고 앉아 그는 수많은 사람들과 인연을 이어가고 있다. 때로는 일부러 찾아오는 경우도 있고 그가 작정하고 칼 쓰는 사람들을 불러 모아 거나하게 술판, 고기판을 벌이는 일도 종종 있다. 그가 운영하는 홈페이지를 통한 한밭 추종자들도 적지 않다. 그 힘은 분명 그다운 그의 자긍심에서 시작되는 것일 테다.

"아니지. 칼을 가는 동안 쇳가루가 튀어 몸을 상하게 하는 것이 아니야. 칼을 갈기 위해서는 물이 꼭 필요하지. 그런데 이 물이 위험한 거야. 많이 마시면 폐를 상하게 하거든."

무언가를 이루기 위해 꼭 필요한 준비물은 그 자체로 해악이 될 수 있다. 그럼에도 그것을 꼭 사용해야만 한다. 무언가를 이루기 위해서는.

# 그 마켓에 그 물건

## 한밭대장간

노량진의 한밭대장간은 주로 칼을 가는 곳이다. 하지만 대전의 한밭대장간에서 손수 만든 다양한 종류의 칼을 판매하기도 한다. 작업대가 있는 골목에 진열된 칼들은 조금 더 저렴한 것들이고, 사무실 안 장식대에 고이 모신 칼들은 명칼들이다. 수입 칼들도 있다. 주로 일본제를 들여오는데, 일명 회를 뜨는 사시미칼이다. 여기서 잠깐, 횟감용 칼이라고 다 사시미칼은 아니다. 일본식 회를 '뜨는' 것이 사시미이고, 한국식 회칼은 회를 '써는' 칼이다. 즉, 사시미칼은 일본식으로 작업하는 사람들에게 맞는 칼이라고 주인은 설명한다.

인생을 사물에 비유하면 과일이 아닐까. 과일은 보는 것만으로는 그 맛을 절대 알 수 없다.
이번 것이 맛있다고 다음 것도 그렇다고 확신할 수 없다.
인생도 그렇다. 직접 해보지 않으면 보고 듣는 것만으로는 절대 알 수 없다.
이번에 좋았다고 다음에도 그럴 것이라 확신할 수도 없다.
"과일이 참 그래요. 시장에서 믿고 먹어보고 들여오지만, 늘 변수가 생기더라고요."
자리를 잡기까지 산 넘어 산이라는 말을 실감한 과일 카페 주인은 말했다.
과일도 카페 운영도 생각지도 못한 일들로 많은 것들을 다시 생각하게 되었다.

# −오월의과일상자

## 좋아하는 것으로 배풀고 싶은 마음

첫인상이 때로는 중요하다. 선입견을 가질 필요는 없지만 첫인상이 좋으면 마음이 쉽게 열린다. 오월의과일상자의 첫인상은 충분히 상큼하고 산뜻했다. 골목 안쪽에서 바라보는 것으로도 마음은 이미 활짝 열렸다. 마치 작은 숲 속 같았다. 파라다이스, 행복과 희망이 넘실대며 사슴과 기린이 뛰어놀 것 같은 풍경을 하고 '빨리 들어오세요' 하며 손짓하는 듯 느껴졌다.

다소 쑥스러운 기색을 하는 주인장은 자리를 권하고 나서도 분주했다. 사람이 왔는데 왜 저리 바쁠까 생각했다. 살짝 서운함이 밀려올 즈음 대놓고 주인이 있는 주방을 기웃거리며 "바쁘세요?"라고 물었다.

"아, 파인애플 좋아하세요? 그래도 과일 가게에 오셨는데 과일 좀 드셔야죠."

순간 미안하고 멋쩍었다. 파인애플이 수북이 담긴 접시와 맥주, 말린 바나나를 들고

— 동네 **월드컵로12길**(서교동)

가게를 열어야지 결심하고, 조용한 동네였으면 좋겠다는 희망을 가졌다. 그렇게 만난 큰 도로 안쪽 골목은 정말 조용한 동네여서 한껏 들떴던 마음과 달리, 손님이 없다는 것이 현실적인 문제로 다가왔다. 어느덧 시간이 흘러 입소문을 타고 찾아오는 손님들이 많아지자 역시 조용한 동네에 자리 잡기를 잘했다는 생각을 했다. 하지만 가끔 여기를 찾느라 고생했다는 손님들의 말을 들으면 죄송한 마음도 든다. 골목 맞은편에 게스트하우스가 자리하고 있어 외국인 손님도 간혹 찾아온다. 말은 통하지 않아도 과일을 식사로 하는 정서가 좀 더 보편적인 그들과의 의사소통은 어렵지 않다.

**지하철** 6호선 망원역, 2호선 · 6호선 합정역

— 마켓 **오월의과일상자**

전혀 몰랐다. 5월이 과일 수가 가장 적은 때라는 것을. 수입 과일은 빠지기 시작하고, 국내 과일은 아직 영글지 않은 때다. 하지만 5월은 가장 중요한 시기다. 과일은 과실이라는 한자어에서 'ㅅ'이 빠지면서 생겨난 단어다. 과실은 '열매를 맺다'는 뜻을 담고 있다. 열매를 맺기 위해서는 준비 기간이 필요하다. 그 준비 기간 중 5월에 막바지 노력과 열정을 쏟아야 6월부터 열매가 맺힌다. 과일이 없는 시기임에도 5월이 과일과 참 잘 어울리는 달이라는 생각은 그래서였다. 주인은 오월의과일상자 안에서 결실을 맺기 위해 애쓰고 있다. 늘 5월 같은 마음으로 가게를 꾸려가겠다는 다짐이기도 하다. 낱개로 구입할 수 있어 혼자 사는 사람들에게 환영받는 곳이다. 약간의 비용을 지불하면 과일을 손질해 주고, 과일 도시락, 수제 잼, 과일청 등도 판매한다.

**주소** 서울시 마포구 월드컵로12길 53 **전화** 02-337-9136 **홈페이지** blog.naver.com/fruitybox

온 주인과 마주 앉았다. 미안한 마음이 들키지 않도록 집중도를 높여 주인의 이야기에 귀 기울였다. 주인은 오랜 시간 카페에서 근무했다. 당시에는 커피를 좋아했지만 커피를 너무 많이 접하고 카페인 중독에 걸리고 말았다. 카페에서의 근무 경력을 살려 직접 카페를 차리고 싶었지만 커피만은 피해야 했다. 카페는 하고 싶지만 커피는 안 되는 아이러니한 상황에서 자신이 좋아하는 과일을 콘셉트로 한 것은 현명하고도 적절한 선택이었다. 반응도 나쁘지 않았다. 카페를 마치 꽃집처럼 차려놓고 밖에는 과일을 내놓았더니 지나는 사람들이 뭐하는 가게냐며 들어오곤 했다.

"그래도 현실은 어쩔 수 없었어요. 카페니까 사람들이 자연스럽게 '아메리카노 주세요'라고 주문하더라고요. 매장을 유지하기 위해 커피 메뉴를 들일 수밖에 없었어요. 처음에는 전부 과일만 해야지 생각했는데 뜻대로 되지 않았죠. 하고 싶은 일을 하기 위해서는 하고 싶지 않은 일도 해야만 했어요."

과일로 식사를 하는 정서가 우리에게는 없다. 대체로 과일은 그저 후식일 뿐이다. 그러다 보니 식사할 수 있는 메뉴도 만들어야 했다. 여러 시도 끝에 과일이 들어간 피자와 리조토 같은 식사 메뉴가 탄생되었다. "결과적으로는 더 좋네요"라고 말했다. 나 역시 사진을 위해 하기 싫은 일을 해야만 했던 기억을 떠올렸다. 그 일들이 결과적으로 나에게 좋은 영향을 주었다는 사실도.

"몇몇 사람들이 찾아와서 가게에 대해 질문해요. 여기까지 정말 어렵게 왔기에 정보를 주고 싶지 않은 마음도 있지만 공유해서 함께 성장하고 싶은 마음이 왔다 갔다 해요. 가게를 하면서 알게 되었는데, 유통이 정말 어렵거든요. 같은 분야의 사람들과 함께하면 그 부분이 조금 더 수월할 거 같아요."

언젠가 과일 농장을 꾸려 직접 과일을 따는 것까지 주인은 머릿속에 그려놓았다. 그러면 더 많은 사람들과 공유할 수 있으리라는 생각에서다. 건강한 과일을 모든 사람에게 대접하고 싶어 하는 그녀의 마음은 끝이 없을 듯하다.

# 결실을 기다리는 그녀

독특한 소재로 가게를 오픈한 후 여러 매체에서 취재를 다녀갔다. 일반인들에게 이곳의 정체를 드러내야만 하는 상황에 이르렀다. 카페를 개업하고 싶은 사람들이 아이디어가 정말 좋다며 그녀를 찾아오기도 했다. 처음의 관심은 그리 문제될 게 없었다. 그런데 밑도 끝도 없이 무조건 노하우를 알려달라는 둥 과도한 것을 요구하는 경우도 있었다.

"하지만 정말 진정성 있는 분들을 만났어요. 우리처럼 소규모로 장사하는 사람들은 물건값이 소매가랑 거의 비슷하거든요. 어쩔 수 없어요. 대량으로 구입하는 것이 아니라서 조른다고 되는 게 아니에요. 시장에 계신 분들도 장사가 생계인걸요. 그래도 뜻이 맞는 사람들과 뭉치면 좋은 해결점을 찾을 수 있을 거예요. 서로 대화하고 고민하면서 함께 성장할 수 있기를 바라고 있어요."

그녀는 어려서부터 과일을 좋아했다. 연예인에게 주는 선물도 과일. 친구와 가족에게 건넸던 것도 과일이었다. 나는 흔한 음식이라는 생각에 과일을 선물해본 기억이 없다. 먹거리에 애정이 있는 사람들은 한결같다. 내 입에 들어가는 것보다 주변에 내주기를 더 좋아한다는 점이다. 그녀는 과일이라는 말만 떠올려도 건강한 느낌이 들고 상큼함에 기분이 좋았다고 설명했다. 가게를 꾸려가며 '오월'에 많은 의미가 덧붙여졌지만. 시작은 그저 5월을 좋아한 그녀의 인터넷 닉네임 '메이'였다. 가게 이름을 고민하면서 'fruiteria'를 떠올렸지만 발음이 어려워서 버렸다. 다음은 'may's fruit'였지만 역시 버렸다. 자꾸만 한글로 하고 싶은 생각 때문이었다. 그래서 탄생한 이름이 '오월의과일상자'. 이름의 중요성은 그런 거다. 자신의 정체성이 시작되기 때문이다. 그 시작으로 자신을 키우고 바꾸고 다듬면서 완성한다. 과일을 사랑하고 주변 사람들과 나누고 싶어 하는 그녀가 만든 작지만 상큼한 이 공간에 참 잘 어울리는 이름이다.

# 그 마켓에 그 물건

## 오월의 과일상자

과일이 주를 이룬다. 이곳은 혼자 사는 사람도 여러 종류를 한번에 맛볼 수 있다는 장점이 있다. 매장 입구 안쪽에는 그날 들여온 싱싱한 제철 과일과 수입 과일이 있다. 한쪽에 바구니가 있어 원하는 과일을 골라 그대로 포장해도 되고, 먹기 좋게 손질해 갈 수도 있다. 이때는 약간의 서비스 비용을 지불해야 한다. 짜 먹는 과일 주스와 갈아 먹는 과일 주스, 두 가지 과일을 섞은 요거트 스무디, 호두와 아몬드가 들어간 바나나 우유, 주인이 직접 만든 수제 과일차와 탄산수가 들어가는 음료 등을 판매한다. 커피와 중국 홍차, 꽃차도 있다.

서울시
마포구
동교로30길 21

# –어쩌다 가게

표면적으로는 집 하나, 커다란 간판도 하나.
그 안에 작은 간판을 내건 것은 아홉 가게,
다시 그 속에는 30여 개 이상의 브랜드가 있다.
이곳에 들어선 가게들은 적어도 5년 동안 이사를 걱정하지 않아도 된다.
대부분의 가게가 2년 계약을 하는 반면 이곳의 계약 기간은 5년이기 때문이다.
손님으로서 듬뿍 정을 주어도 괜찮은 동네 가게다.
익숙해질 만하면 문을 닫고 이사하기 일쑤인 안타까운 상황을
이곳에서는 우려하지 않아도 된다.
공간을 나누는 일은 생각보다 더 많은 것을 공유할 수 있다.

## 뭉쳐야
## 살 수 있는 세상

"우리 자매들은 각자 다른 공간에서 작업을 해왔어요. 그러다 물건들을 함께 모아 전시, 판매하는 가게를 운영했었죠. 서울 시내에서 가게를 유지하는 것은 쉽지 않은 일이잖아요. 조금 힘든 상황이었는데, 지인의 소개로 이곳을 알게 되었죠. 우리가 필요로 했던 조건들과 딱 맞았어요. 이사 걱정 없이 오랜 시간 운영할 수 있겠다고 생각했죠. 자기 분야의 물건으로 채운 공간을 오래 사용하고 싶은 것이 당장의 목적이라면 목적이라고 할 수 있어요."

어쩌다가게 2층에 자리하고 있는 ah스튜디오 주인의 말이다. 어쩌다가게라는 간판 아래 자리한 여덟 개의 가게들과 그 주인들의 사연은 모두 다르다. 이들이 한 곳에 자리하는 데는 예전부터 홍대앞 카페 '비-하인드'를 공동 운영하는 주인에게서 시작되

— **동네** 동교로30길(동교동)

포털사이트에서 동교동을 검색하면, 134곳의 게스트하우스, 와인바는 206, 카레집만 57, 소극장은 무려 98이라는 숫자가 나온다. 굳이 다른 곳과 그 수를 비교하지 않아도 어마어마한 상권이 에워싸고 있다는 것을 짐작할 수 있다. 합정동과 상수동 방향으로만 퍼져가던 홍대 앞의 상권이 동교동삼거리를 거점으로 점차 확대되고 있다. 2010년 공항철도 홍대입구역까지 개통되면서 유동 인구도 늘었다. 어쩌다가게가 들어선 부근의 대로변은 이미 각종 매장들이 들어섰고, 어쩌다가게와 같이 골목 하나를 더 들어간 주택가에까지 가게들이 속속 문을 열고 있다. 주민들 수만큼 이 구역에 들어서는 타 지역민도 늘어가고 있는 상황이다. 오래전부터 이 일대는 사람들의 이동, 그러니까 이사가 많지 않고 주민 수의 변동이 크지 않은 동네였지만, 이제 그런 경향은 오래전 일이 되어버렸다. 집세는 점점 하늘 높은 줄 모르고 치솟고 있으니까. 그래도 아직은 살기 좋은 동네라는 주민의 말에 마음이 아픈 것은 나뿐일까.

**지하철** 2호선 · 공항철도 홍대입구역

— **마켓** 어쩌다가게

처음 이들이 모이게 된 계기는 단순하다. 어떻게든 월세를 아껴보자는 현실적인 문제에 대한 해결책이었다. 서로의 고민과 습성과 소재를 알게 된 가게 주인들은 소개와 추천을 통해 모였다. 대로변에서 한 블록 들어간 골목 어귀 2층 주택에 자리를 잡았다. 오픈하자마자 많은 이들의 관심을 한 몸에 받았다. 그저 독특한 가게들이 모여 있어 그런가보다 했지만, 아니다. 가게 안으로 들어온 또 다른 가게가 무척 많고 다양해서, 입소문으로 많은 이들에게 전달되었기 때문이다. 각자의 지인들에게 이곳의 존재를 알렸을 뿐이라도 열 배는 넘는 이들이 이곳에 대한 이야기를 전하고 들었으니 말이다. 어쩌다 알게 된 나 같은 사람을 포함해서.

**주소** 서울시 마포구 동교로30길 21

었다. 그는 홍대앞에서 개성을 가지고 운영되던 수많은 가게들이 빛을 잃어가거나 자리를 떠나야 하는 수많은 상황들을 목격했다. 그 모습들을 보면서 함께 공존할 수 있는 방법들을 모색하기 시작했다. 시간이 지날수록 구체화되고 종국엔 어쩌다가게를 만들게 된 것이다. 누군가는 이곳을 실험이라 말하고, 또 다른 이는 이미 대안적 모델이라고 말한다. 이제 막 세상에 얼굴을 내민 이곳이 궁금하다. 어쩌다 이 가게가 어쩌다 이리 큰 호응을 얻게 된 것일까? 또 우리는 이곳에서 무엇을 보아야 할까?

홍대 앞 일대는 허걱 소리가 날 만큼 높은 가겟세와 권리금으로 악명이 높다. 십수 년 전만 해도 가난한 청춘들이 제멋대로 공간을 꾸미며 오로지 사람들과 소통하기 위해 마련한 가게들이 많았다. 자본의 흐름은 세월과 함께 성장했고 종국엔 돈 좀 벌 수 있는 상권으로 변질되었다. 3~4년 전부터 거기에 권리금이 한몫 더했다. 본래 업종이 같은 경우에만 시설비 명복으로 요구되던 권리금이 내부 공사를 새롭게 해야 하는 경우에도 부가되었다. 비단 홍대 앞만 그런 것은 아니다. 이런 관례는 조금 유명해지는 지역의 숙명이 되었다. 누구를 탓할 수도 없는 실정이다. 건물주는 이익을 우선해야 하고, 대기업은 사업 분야를 확장시켜 나가야 한다. 그들은 자선사업가가 아니다. 그 편협하지만 어쩔 수 없는 상황에서도 불구하고 자신들의 꿈을 펼칠 공간을 마련할 수 있는 방법은 정녕 없는 것인가? 그 확고한 질문은 적절한 다양한 해결책을 내놓았다. 가장 먼저 등장한 것이 편집숍이다. 여러 브랜드 제품이 가게 하나에

모여 소비자를 맞이하는 것이다. 또 카페 안에 다른 매장이 자리를 잡고 물건을 판매하는 숍인숍 매장도 여럿 생겼다. 그리고 어쩌다가게는 이 모든 것을 또 한번 통합한 것이다. 주택 하나를 통째로 빌려 여러 가게가 한 구역씩 자신들의 공간을 확보하고 그 안에서 또 다른 브랜드의 제품까지 판매하는 형식이다. '임대료 5년 동결'이라는 든든한 배경 아래에서.

합리적인 가격에 위스키'바를 하고 싶지만 수지타산이 맞지 않아 고민하던 'angel's share'의 주인은 원하던 공간을 드디어 얻었고, 잦은 이사로 가게 자리에 대한 불안을 달고 살던 '피스피스'의 주인은 이곳에서 당분간 안심하고 초콜릿과 쿠키에 집중할 수 있게 되었다. 이제 막 전업작가로 살게 된 실크스크린 아티스트는 'etoffe'에서 현실적인 문제 한 가지는 이미 해결하고 시작을 외칠 수 있었다. 그저 꿈으로만 생각했던 책방을 열게 된 '별책부록'의 공동 대표 역시 자신들의 취향껏 매장을 채웠다. 가게 하나를 운영하는 엄청난 일에 임대료만이 유일무이한 문제는 결코 아니다. 그럼에도 그 한 가지의 해결이 주는 안도감은 집 하나를 짓기 전 튼실한 뼈대를 완성한 것과 같았다. 이제 우리 차례다. 든든한 마음을 가지고 개성을 지키며 시공간을 공유하는 주인들의 가게를 한껏 즐겨볼 일이다. 조금 쓸쓸하긴 해도, 이 시대의 소비자에게 행운 같은 공간이다.

골목 어귀에서 멀지 않은 곳에 특이할 것 없는 주택 하나가 눈에 띈다. 건물 벽에 걸린 어쩌다 가게라는 간판 덕분이다. 안이 들여다보이지 않는 통유리 너머로 몇몇 가게를 짐작할 수 있다. 겉으로 보이는 세 곳의 가게 중 두 곳은 불빛 하나 볼 수 없다. 하나는 주말에만 문을 여는 쿠키 가게인 '피스피스'이고, 다른 하나는 밤에만 운영되는 펍 'angel's share'이기 때문이다. 안쪽에 사람이 얼핏 보이는 카페 'LOUNGE'에 들어가기 위해서는 철문을 통과해야만 한다. 카페 역시 숍인숍이다. 메뉴에는 '브레드피트'의 커피, '사루비아다방'의 차, '비터스윗나인'의 초콜릿, '키오스크'의 토스트, '피스피스'의 케이크까지 함께 나열되어 있다.

"제가 다른 지역에 있는 동네 서점에서 꽤 오래 일했었어요. 거기서 알게 된 분의 소개로 이곳에 들어왔어요. 저 역시 동네 서점을 하고 싶었던 터여서요. 새 책과 헌책을 함께 파는데, 독립출판물도 있어요. 또 여러 브랜드의 소품도 함께 전시해 놓았죠."

아직 정리 중이라며 어색해하는 책방 '별책부록' 주인이 말했다. 테이블 위의 물건들이 눈에 띈다. '마미공방', '이노주단', 'ah스튜디오', 'al,thing', '문화다방', 'mellow song' 등 다양한 브랜드의 제품들이 작은 공간을 차지하고 있다. 이름 없는 골동품들도 있다. 서점 주인의 집과 지인들의 손에서 건너 온 것들이다. 오래된 LP판과 카세트테이프도 곳곳에 장식처럼 놓여 있다. 이 작은 공간을 둘러 보는데도 꽤나 오랜 시간이 필요했다.

서점 옆으로 화려한 조명이 흘러나오는 작은 문이 있다. 수제화 공방이자 판매처인 'AVEQUE'다. 이곳의 주인은 슈즈 디자이너로, 자신만의 신발을 만들고 사람들의 반응을 살필 수 있는 장소를 물색했다. 자체 제품만으로 공간을 채우기에는 다소 부족했기에 두 개의 다른 브랜드의 수제화를 놓았다. 여성들을 타깃으로 한 공간인 만큼 아기자기한 수공예 액세서리들도 들어왔다.

정원 안쪽 철제 계단을 오르니 꽃집 같기도 하고 도자기 공방 같기도 한 작은 가게와 마주했다. 'ah스튜디오'다. 세 자매가 각자의 직업을 살려 하나의 공간을 꾸며놓은 곳이다. 패브릭 제품과 아트 제봉 제품, 꽃과 도자 제품이 한가득이다. 이곳의 주인은 이미 다른 곳에서 매장을 꾸렸었다. 그러다 이곳과 자신의 지향점이 비슷함을 알게 되어 새로운 둥지를 틀게 되었다.

그 옆으로 발길을 옮기면 물건 같은 것은 보이지 않는 곳이 있다. 'etoffe'라는 이름의 개인 작업실이다. 그 옆 공간에는 '비터스윗나인'이, 2층 맨 끝에는 미용실 'by the cut'이 자리한다.

# —레알뉴타운 청년몰

너무 흔한 말이라서 사람들은 쉽게 떠올리지 않는다.
'천재는 99퍼센트의 노력과 1퍼센트의 영감으로 만들어진다'는 에디슨의 말이다.
여러 가지 해석이 난무하지만, 나는 이런 생각을 했다.
1퍼센트의 영감을 발견하기 전에 우리는 과연 99퍼센트의 노력을 하는가?
이곳, 청년몰의 청년들은 99퍼센트의 노력을 위해 달려가는 사람들이다.
적어도 그들의 미래에 이곳은 청년몰이 아닌 천재몰이 되지 않을까 예상했다.
자신에게 재능이 있는지 없는지는 중요하지 않다.
우리는 여전히 99퍼센트를 향해 노력하고 있으니까,
포기하지 않는다면 분명 알게 될 것이다.
내가 천재인가, 아닌가? 그것이 두려운가?

전통 시장에 청년 사장들이 가게를 내는 것은 그리 획기적이지도, 놀라울 일도 아니다. 이미 몇 해 전 정확히 전통 시장 살리기 운동이 전개된 시기부터, 더 깊게는 대형마트가 말도 안 되는 물품 가격으로 지역 시장경제에 타격을 주기 시작할 때부터 몇몇 젊은 이들은 더럽고 치사한 회사생활을 접고 스스로 고통을 감내하는 장사라는 것에 뛰어들었다. 그러나 시내에 있는 매장들의 임대료는 천정부지로 치솟았다. 아이디어를 쥐어짠 일부 생각 있는 청년들은 정부의 전통 시장 살리기 프로젝트에 참여하고, 시장 내에 자리를 잡았다. 거기에 전통 시장을 지키고 키우겠다는 좋은 취지까지 얹어 장사를 시작했다. 전국적으로도 몇 곳이 유명세를 탔고, 그 공을 인정받고 있다. 시장 경제를 완전히 살렸다고는 할 수 없는 단계지만, 적어도 시장 상인들은 손주 같은 녀석들의 열정에 미소 짓고 있다.

청년몰에 대한 생각도 그랬다. 그런 이유로 시장에 관심을 갖게 된 젊은 사장들이 모

**— 동네 풍남문2길(전동3가) 남부시장**

옛 전주읍성의 남문인 풍남문이 있는 사거리에서 멀지 않은 곳에 남부시장이 있다. 이곳은 전주라는 관광 문화의 특색을 고스란히 담고 있는 전통 시장으로 유명하다. 더 이상 수공예품은 아니어도 전통적인 문양과 모양을 지닌 물건을 쉽게 찾아볼 수 있다. 관광객의 입맛에 맞춘 음식점이 아닌 지역 주민들이 일상으로 찾는 식당도 많다. 전주콩나물국밥이나 전주식 순대국밥 등이 주 메뉴다. 남부시장의 또 하나의 매력은 시장 밖 전주천 주변의 거리 상가에 있다. 이 거리는 본래 2일과 7일에 열리던 오일장터였지만, 지금은 상설 운영된다. 오랜 시간 명맥을 유지하는 이곳은 전국에서 손에 꼽히는 전통 시장으로 역사·문화적 가치를 지닌다.
그럼에도 불구하고 현대적인 문제점은 존재했다. 바로 대를 이어 시장을 지켜 나갈 젊은 세대의 부재이다. 시장의 중앙 건물 2층에 청년몰이 자리하게 된 것은 결코 우연이 아니었다. 전주 전통 시장의 활성화 프로젝트와 함께 청년들의 사업을 독려하는 취지가 맞물려 생겨난 복합 쇼핑 공간인 청년몰은 시작부터 큰 주목을 받았다. 청년들의 활발한 활동에 힘입어 젊은이들의 발걸음도 많아졌다. 개인 사업을 꿈꾸는 청년들에게 이곳은 일종의 관광지이자 교육처가 되고 있다.

**— 마켓 레알뉴타운 청년몰**

**주소** 전라북도 전주시 완산구 풍남문2길 53 남부시장 2층 **전화** 063-284-1344(남부시장 번영회)
**페이스북** facebook.com/2Fchungnyunmall **홈페이지** simsim1968.blog.me

여 공동체적 경제 활동으로 시너지 효과를 얻어보자는 일련의 프로젝트라고 생각했다. 물론 상업적인 공간에서 원하는 것은 수입에 있다. 하지만 이곳에 모인 이들과 한두 마디 나누다 보면 그 생각이 돈에만 집중되어 있지 않다는 것을 알 수 있다. 이들의 모토가 '적당히 벌고 아주 잘 살자'에 맞춰져 있다는 점을 감안하면 그들의 의도는 더욱 확실히 전달된다.

"그런 가게들이 모여 있는 곳이잖아요. 제가 가진 아이템이 조금 독특하니까 잘 어울린다고 생각했어요. 이곳을 찾아오는 사람들은 어느 정도 특별한 것을 기대하고 오니까요."

알록달록한 사탕 가게를 막 오픈한 주인의 말이다. 사탕을 좋아했고 그것을 가지고 작은 가게를 차리고 싶었다. 평범한 거리에서라면 눈에 띄지 않을 수 있지만, 청년몰에서라면 가능할 거라 믿었다. 각자 하고 싶은 것들을 하며 적당한 수익을 낼 수 있다고 생각하는 이들이 모여 있기 때문이다. 이곳에 오는 사람들은 가게 하나하나에 관심을 가져준다. 청년몰에 들어서 있다는 것은 자신의 공간에서 꿈을 키워가는 사람들의 가게라고 인정받은 셈이다.

이곳에서 장사를 시작하기 위해서는 몇 가지의 조건을 갖추고 서류 심사와 면접을 거쳐야 한다. 이들의 블로그에 신규 창업가를 모집하는 공고문이 비정기적으로 게시된다. 모집글에는 이런 이야기가 적혀 있다.

'청년몰은 기존의 상품을 사고파는 쇼핑몰의 개념을 넘어 전주 남부시장에서 청년들의 활력으로 새로운 고객을 끌어들이고, 시장의 사회 문화적 생태계를 건강하게 만들고자 합니다. 다양한 문화 체험과 청년야시장들의 참여형 문화 축제 등을 기획하며 끊임없이 움직이고 있는 문화 공간이며 새로운 상업 모델의 실험터입니다. … 남부시장 청년몰에서 서로 협력하며 함께 잘 살기 위한 창업을 경험하고 싶은 분들의 지원을 부탁합니다.'

남부시장으로 들어가 청년몰로 올라가는 계단 앞, 박수와 환호성이 들렸다. 올라가보니 중앙 광장에서 음악 공연이 펼쳐지고 있었다. 별다른 구역 없이 공연자들이 서 있는 곳이 무대고, 그들을 마주 보며 구경하는 사람들이 있는 곳이 객석이었다. 누군가는 나무 의자에 앉아서, 또 다른 사람은 서로의 어깨에 기대어 시간을 즐기고 있었다. 청년몰에서는 공연이 자주 열린다. 무작위가 아니라 뭔가 남는 무대로 채워진다. 공정무역의 물건을 판매해 수익금을 기부한다던지, 청년몰 가게들의 물건을 협찬 받아 좀 더 저렴하게 판매한다던지, 그래서 그 수익금을 시장 활성화에 사용한다던지 하는 것들이다. 그리고 다양한 강의도 진행한다. 요리, 인문학, 캘리그래피, 사진, 미술 등 그때그때 가능한 교육과 만남의 장이 열린다. 야시장이며 페스티벌, 페스타, 신규 매장 이벤트까지 끊임없이 움직이고 있다. 심심할 날이 없다. 사공이 많아도 배는 태평양을 건널 수 있다. 어쩌면 더 쉬울 수도 있다.

## market in market

이곳에 모인 청춘들이 천재라는 생각이 들기 시작한 것은 '적당히 벌고 아주 잘 살자'는 모토를 보고 나서였다. 이런 생각은 아무나 할 수 없다. 어느 텔레비전 프로그램 또는 어느 책에서 언급된 말을 조금 변형한 것이지만 그것을 가져다 썼다는 것이 훌륭했다. '적당'이라는 단어는 매우 애매해서 기준이 없다. 돈에 대해 '많으면 좋지'가 아닌 '적당히'라는 단어를 붙이는 것은 웬만한 용기가 아니고서는 어려운 일이다. 뒤에 나오는 '아주 잘 살자'는 더욱 그렇다. 적당히 벌어놓고 아주 잘 살기를 바란다? 얼토당토않은 일이거나 거짓말이라고 생각하기 쉽다. 자신들의 천재성을 믿지 않고서야 이런 말을 내세울 수 있겠는가?

그런데 사실 그 의미는 더 크다. 아주 잘 살기 위해서는 적당한 돈만 있으면 된다는 사실을 이곳의 청춘은 이미 깨우친 것이다. 그래서 청년몰 안에 있는 가게들이 더욱 특별하다. 이들은 돈을 위해 해서는 안 되는 일까지 서슴없이 하고야 마는 욕심은 부리지 않을 것이다. 그런 곳에서 파는 음식이나 물건은 진지할 것이다. 그러니 믿음이 커질 수밖에. 2014년 4월까지 들어선 가게를 간략하게 소개하고자 한다. 분명 몇 번의 추가 모집이 있었을 테니, 새로운 가게까지 모조리 만나길 당부한다.

- **고양이 테마 '카페 나비'**
  월요일 휴무, 12:00~20:00
- **알아서 잘 만드는 칵테일바 '차가운 새벽'**
  일요일 휴무, 15:00~23:00
- **벌레 잡는 식충식물 '범이네식충이'**
  월요일 휴무, 11:00~18:30
- **전통 한방차&팥빙수 '카페 차와'**
  무휴, 11:00~22:00
- **디자인 수선 및 잡화점 '미스터리상회'**
  월요일 휴무, 11:30~19:00
- **아트숍 '뜻밖의 조각가'**
  월요일 휴무, 11:30~18:00
- **라이프코치의 이상한 상담소 '달세상'**
  월요일 휴무, 12:00~20:00
- **전통 디자인 문구 '새새미'**
  월요일 휴무, 11:00~20:00
- **통기타의 모든 것 '나무향기 스튜디오'**
  일요일 휴무, 13:00~21:00
- **착한 옷가게 '히스토리마켓'**
  월요일 휴무, 11:00~20:00

- 라틴 문화&예술 그 외 모든 것 '아모르페루아노'
  월요일 랜덤 휴무, 화~토요일 11:00~20:00, 일요일
  ~19:00
- 아동후원 무역품 '소소한 무역상'
  월~토요일 10:30~20:00, 일요일 13:00~19:00
- 핸드메이드 '바이제이'
  월요일 휴무, 11:00~19:00
- 천연 유기농 화장품&비누 '시어트리'
  월요일 휴무, 10:00~18:00
- 한량들의 맥줏집 '히치하이커'
  월요일 휴무, 17:00~25:00
- 멕시코의 맛 '까사델타코'
  월요일 휴무, 12:00~22:00
- 스페인 기반 유럽 요리 '구라파 식당'
  월요일 휴무, 11:30~22:00
- 보드게임방 '같이 놀다가게'
  월요일 휴무, 13:00~23:00
- 빈티지에코 편집숍 'Re;born'
  월요일 휴무, 10:30~20:00

- 볶음 요리&치킨텐더 '더 플라잉팬'
  월 2회 휴무, 10:30~20:00
- 낮술 환영 '청춘식당'
  월요일 휴무, 12:00~22:00
- 저렴한 사케&철판 요리 '호카호카'
  월요일 휴무, 14:00~22:00

그 밖에도 예전부터 있었던 뷔페식 보리밥집 '순자씨 밥
줘', '한국닭집'에서 사온 옛날 통닭을 먹을 수 있는 쉼터,
가정식 백반집 '상수식당'. 레알뉴타운 이음(사) 사무실과
철학관과 화장실, 흡연 구역이 있다.

# 굿! 마켓

**PART 3** good! market

남부순환로247다길 콩깍지

윤보선길 그루

논현로28길 떡찌니

어울마당로5길 오브젝트


**+ 우리나라 슈퍼! 마켓!**

성남시 좋은이웃찬방

수원시 행궁솜씨

# ─콩깍지

어떤 음식을 좋아하면 계속해서 그것만 먹는 경우가 있다.
삼시 세끼까지는 아니라도, 매일 한 번씩 먹어도 싫증나지 않는다.
오래전 학창 시절에는 감자전이 그랬다.
중학생이었던 어느 해 여름, 나는 할머니가 홀로 계시는 시골집을 찾아갔다.
도시에서 온 꼬맹이가 과자 부스러기 하나 없이 풀 반찬만 먹는 것이 안타까우셨는지
할머니는 특별식을 만들어 주시곤 했다.
그중 나의 뇌리에 꽂힌 음식은 감자전이었다. "할머니, 도대체 뭘 넣어서 이리 맛나요?"
나는 쉴 새 없이 입안에 감자전을 쑤셔 넣으며 웅얼거렸다.
"감자, 소금, 밀가루."
지금도 나는 감자전을 만들 때 할머니표 레시피를 애용한다.
여전히 맛있지만 투박하게 간 감자의 식감과 가마솥 뚜껑에 기름을 두르고 지진
쇠의 향이 밴 감자전을 다시는 맛볼 수 없다.

모두가 잠든 시간
집을 나서는 어르신들

콩깍지 매장을 보고 싶다는 말에 담당 직원은 잠시 침묵했다.

"음… 그날의 물량에 따라 다르지만, 보통 밤 12시에 시작해서 아침 7시쯤 작업이 끝나는데, 괜찮으세요?"

밤새 작업을 하신다고요? 밤샘 작업에 익숙한 나도 하루 이틀은 몰라도 더 길어지면 맥이 빠지건만, 어르신들이 매일 밤새 일을 한다는 말에 놀랐다. 두부를 만드는 일은 어쩔 수 없다. 당일 만드는 두부를 당일 판매하는 것이 원칙이기 때문이다. 콩깍지에서 만드는 두부의 절반 이상은 선주문 후제작이다. 전날의 주문 물량에 따라 제조 수량이 달라지는 이유다. 작업을 시작하는 시간은 일정치 않지만 두부가 완성되는 것은 늘 아침 7시를 맞춰야 한다. 새벽 작업은 격일 근무를 원칙으로 하며 아침부터 저녁까지 매장을 지키는 것은 다른 어르신들이 담당한다.

— **동네 남부순환로247다길**(봉천동)

관악구 봉천동 일대는 주택가다. 유흥가나 번화가가 아닌 동네에는 일상생활에 필요한 딱 그만큼의 가게들이 자리한다. 대로변으로 나오면 술집과 노래방이 즐비하지만 안쪽 골목에는 작은 미용실, 구멍가게, 복덕방, 쌀집, 노인일자리 전담기관인 관악시니어클럽이 있다. 이곳의 지점이라 할 수 있는 콩깍지 매장도 멀지 않은 곳에 자리하고 있다. 출퇴근 시간에는 북적거리지만 평일 낮에는 한적하기 그지없는 동네. 아이들의 웃음소리와 아주머니들의 수다. 어르신들의 느릿하고 진지한 삶이 묻어 있다.

**지하철** 2호선 낙성대역

— **마켓 콩깍지**

지하철 2호선 낙성대역 부근에 관악시니어클럽이 위치한다. 사회적 기업으로 출범한 이곳은 노인 일자리 창출을 중심으로 운영된다. 관악시니어클럽이라는 본사가 있고, 그 산하에 두부 만드는 콩깍지, 도시락 전문기업 CSC 푸드가 있다. 그 외에도 다양한 분야에서 노인 일자리를 마련하고자 사업을 진행하고 있다. 콩깍지 매장에서는 두부를 직접 만들고, 도시락과 밑반찬 등을 함께 판매하고 있다. 2008년 고령자 기업으로 선정된 이래, 2호점을 운영 중이며 매장을 확장, 이전하는 등 발전을 거듭하고 있다. 일한 만큼 얻는다는 어르신들의 직업정신과 정직이 곧 가치라는 신념으로 일하는 관장과 더 좋은 사회를 만들기 위해 애쓰는 젊은 직원들이 한데 모여 지역 경제와 복지를 위해 힘쓰고 있다.

**주소** 서울시 관악구 남부순환로247다길 60 3층 **전화** 02-874-9295~6 **홈페이지** www.gacsc.or.kr

낮 시간에 콩깍지 매장을 찾았다. 두 어르신이 가게를 지키고 있었다. 동네 사람으로 보이지 않는 젊은 여자의 방문에 의아해하는 모습이었다. 동네 두부집에 타지인이 찾아오는 경우는 거의 없기 때문이다.

"어쩐 일이요?"

"관악시니어클럽 사무실에서 관장님을 뵙고, 콩깍지 매장을 구경 왔어요."

나는 친할머니와 할아버지를 만난 듯 반가운 마음으로 말했다. 두부 만드는 일은 다 끝났는데, 사진이 필요하지 않느냐며 걱정을 하셨다. 나는 다 알고 왔으며 새벽 시간에 맞춰 다시 찾아올 거라고 덧붙였다. 자그마한 매장에 갓 포장된 듯 물방울이 맺혀 있는 두부와 그 뒤에 쌓여 있는 식재료를 살폈다. 그런데 매장 구석에 용도를 짐작할 수 없는 기계가 있었다.

"이건 뭐예요?"

도시 촌뜨기인 내가 물었다.

"거 두부 만드는 기계지."

관장이 설명했던 기계다. 콩깍지에 기계가 들어온 것은 오래되지 않았다. 온전히 수 작업으로 두부를 만들었을 때는 모양이나 맛이 들쑥날쑥해서 나름의 어려움이 있었다고 관장은 설명했다. 나는 그것이 되레 콩깍지만의 특성이 되지 않겠느냐고 되물었다. 하지만 단돈 3천 원이라 해도, 소비자의 마음은 그것이 아니었다. 오늘 먹은 두부가 어제 먹은 두부 맛과 다르다면 다시는 사먹지 않거나 항의를 한다는 것이다. 기계의 도입과 근무자들의 교육을 통해 지금의 일정한 두부 맛을 유지한다고 한다. 이곳에서 일하는 어르신들의 한결같고 정직한 마음처럼 말이다.

다시 매장을 찾았던 날, 나에게는 새벽이었건만 그날 근무하신 어르신은 이미 다 만든 두부를 포장하고 계셨다. 뒷모습에 피곤함이 묻어났지만 흐트러짐은 찾아볼 수 없었다. 작업하는 모습을 조심스럽게 카메라에 담았다. 촬영이 끝나고 뜨끈한 두부 한 모를 사들고 집으로 돌아왔다. 아무리 기계 공정을 거치더라도 어르신들의 손맛이 분명했다. 묵직하고 투박한 그 맛은….

# 다리가 되어주는 남자

"콩깍지를 포함해 도시락이나 반찬을 만드는 일을 하시는 분들은 한마디로 순수해요. 일한 만큼 정당한 대가를 받는다는 당당함이 있고요. 정직하게 음식을 만든다는 자긍심도 대단하지요. 그래서 일반 기업처럼 직원이라기보다 동등한 관계에서 일하고 있어요. 사회적 기업이 아니라도 그래야 한다고 생각하지만요. 자본이나 업주만으로 가게나 기업을 운영할 수는 없어요. 모두가 자부심을 갖고 한 뜻으로 힘을 합할 때 자신의 자리를 지켜 나갈 수 있어요."

관리에 어려움은 없는지 묻자. 아주 사소한 사안이라도 어르신들의 눈치를 볼 수밖에 없다고 대답한다. 모든 것을 확실하게 보여줘야만 수긍하고 최선을 다해 그 결정에 따른다는 것이다. 그것이 콩깍지와 관악시니어클럽을 유지하는 신뢰의 힘이다. 사무실에서 근무하는 젊은 직원들 역시 그런 구조에 익숙해지다 보니 자신의 직업에 대한 자긍심이 높다. 나이를 불문하고 이곳에서 일하는 사람들이 모여 워크숍 등을 열고 기업정신과 주체의식을 높일 수 있도록 돕는 것이 자신의 역할인 것 같다고 강조했다.

"하지만 그렇게 한다고 수익 창출로 이어지는 것은 아니에요. 제품을 생산하는 데 한계가 있고 판로에도 제약이 따르거든요. 그래서 하나의 종목이 아니라 다양한 분야로 진출할 수 있는 아이디어를 꾸준히 개발하고 있어요. 행복수레사업이라고 이곳에서 생산하는 물건을 장터에서 판매하는 것 등이 그래요."

그가 관악시니어클럽에서 처음 맡은 직책은 마케팅 실장이었다. 그 후 지금에 이르기까지 참 많은 고민을 했고 실현 가능한 것들을 하나하나 세상에 내놓았다. 어르신들이 일하고 청년들이 따를 수 있는 세상. 진정 그가 꿈꾸었던 것이리라. 관악시니어클럽은 노인 일자리 창출만으로 사회적 소임을 다했다고 생각하지 않는다. 노인들이 지역주민으로 깊게 흡수될 수 있는 행사도 꾸준히 진행하고 있다. 청소년과의 체험 교육이나 후원자와 봉사자들과의 연대 사업도 그중 하나다. 그와 함께라면 누구라도 이 세상과 어우러져 살 수 있을 것만 같다.

# 그 마켓에 그 물건

## 콩깍지

콩깍지의 두부는 당일 제조와 판매를 기본으로 한다. 전날 주문을 받고 매장에서 판매될 물량까지 감안해서 수량을 정한다. 아침 7시부터 오후 8시까지 당일 만든 두부를 매장에서 구입할 수 있다. 국내산과 수입산 두 가지 모두 만들어 판매한다. 두부 기계 옆으로 작은 냉장고가 있는데 각종 반찬을 진열해서 판매한다. 이는 도시락 사업의 일환이다. 매장에는 누룽지, 엿기름, 참기름, 국수 등 신협을 통해 들여오는 식자재가 있다. 입구 옆의 통유리 너머로 도시락 모형의 진열대가 있다. 도시락은 관악시니어클럽의 본 건물에서 만들어 주문을 통해 판매한다.

"의류를 세탁할 때는 가능한 한 세탁기와 세제 사용을 줄여야만

오래 착용할 수 있습니다.

일상생활의 가벼운 때나 땀은 미지근한 물로 헹구는 것만으로도 충분히 세탁됩니다.

의류와 환경은 물론 우리 몸에도 좋습니다."

그루의 생산자 설명이다.

그루를 찾았다.

언젠가 잠시 머물렀던 네팔의 풍경이 훅 지나간다.

그 안개, 먼지, 바람, 비, 아이들과 엄마들이 떠올랐다.

세계 평화를 위해 할 수 있는 일은 결코 멀리 있지 않았다.

"네, 명심하겠습니다."

# –그루

## 이곳의 물건은 모두 모양이 제각각입니다

우리나라보다 앞서 발전한 국가에서 생활하다 보면 애국심이 깊어진다. 우리보다 조금 뒤처진 국가를 찾으면 인류애가 상승한다. 좋은 것을 보면 우리 것도 좋다고 말하고 싶고, 안타까운 것을 보면 우리 것을 나눠주고 싶다. 외국에 나가 시야를 넓히는 것이 중요한 이유 중 하나다. 다양한 감정의 폭을 경험하기 때문이다. 그것을 현실로 가지고 와 얼마나 실천하느냐가 그다음 문제로 부상한다. 누군가는 잊고 지내고 또 어떤 이는 늦지 않게 시작해 성장시킨다. 그루의 대표는 후자다.

"그루는 일종의 포인트 마켓이었어요. 매장에서 페어트레이드 코리아를 통해 들여오는 공정무역 제품을 판매하고 매장 뒤편에 사무실을 운영했어요. 이제야 사무실을

— **동네 윤보선길**(안국동)

안국역에서 북촌한옥마을로 가는 길에 윤보선 선대 대통령의 생가가 있다. 그래서 길 이름도 윤보선길. 한옥 마을이 있는 가희동의 고즈넉한 분위기와 도서관과 미술관에서 흘러나온 지적인 세련미가 동시에 묻어나는 곳이다. 대로변에서 조금 더 들어가야 북촌이라 불리는 한옥 마을과 접한다. 그루 매장이 있는 곳은 그 중간이다. 한옥 마을이라 하기에도, 그저 그런 번화가라고 말하기도 어렵다. 본래 그루의 자리였던 듯, 골목에는 그루만 자리한다. 하지만 그루를 지나 길 끝으로 가면 상가들이 줄지어 있는 북촌 뒷길과 마주한다. 이곳과 저곳을 이어주는 듯한 길, 그 어귀에 그루가 자리한다.

**지하철** 3호선 안국역

— **마켓 그루 g:ru**

벌써 7년이라는 시간이 흘렀다. '페어트레이드 코리아'를 만든 주인은 판매 장소와 브랜드를 그루로 정했다. 그루는 나무를 셀 때 사용하는 단어이다. 하나씩 모여 함께 성장하기를 바라는 마음에서 따온 이름이다. 그루의 대표는 여성 환경운동가로 활동했다. 그러던 중 빈곤 국가의 여성 문제에 집중하기 시작했고, 세계적으로 널리 활동하고 있는 단체들과 교류하기 시작했다. 그들에게 공정무역에 대한 정보를 얻고 직접 국가들을 찾아가 생산자를 찾았다. 3년 정도의 준비 기간이 필요했다. 그동안 시민 주주들을 모집하고 적당한 시기에 페어트레이드 코리아를 설립했다. 그루라는 이름의 제품들로 한국 소비자들을 만나기 시작한 것이다. 당시에는 공정무역이 매우 낯설었기에 현실적으로 소비될 수 있는 물건이 필요했고 구매층이 확실해야 했다. 시행착오를 거쳐 지금은 다양한 제품을 생산하고 있으며 인류와 자연을 위한 길을 걷고 있다.

**주소** 서울시 종로구 윤보선길 19−18 **전화** 02−739−7944/7945 **홈페이지** www.fairtradegru.com

분리할 수 있게 되었어요."

마침 사무실의 이전을 며칠 앞두고 그루를 찾은 나에게 대내외적 업무를 담당하는 과장이 설명했다. 그녀가 이곳에 입사한 지는 5년이 되었다. 처음에는 직장을 잡기 위한 목적이 더 컸다고 말했다. 그래도 이왕지사 좋은 일을 하는 기업이기를 바랐다. 처음 마음이 어찌되었건 지금은 누구보다 이 세상에서 합당하지 못한 현실에서 고통스러워하는 이들을 돕고, 그로 인해 자신이 더 많이 성장했다며 쑥스러운 미소를 지었다.

"그루에는 의류 분야가 있어요. 어느 사회적 기업도 엄두를 내지 못하는 분야예요. 왜냐하면 옷 한 벌이 나오기 위해서는 1년 정도의 시간이 필요하거든요. 한국 디자인팀에서 실질적으로 소비될 디자인을 고민해요. 그다음 현장 국가로 직접 가죠. 디자인을 넘긴다고 옷이 그대로 나오는 건 아니에요. 몇 번의 조율을 거쳐야만 상품화할 수 있는 제품이 나오죠."

페어트레이드 코리아는 현장 작업인들에게 패널티를 물지 않는다. 그러다 보니 불량 품들이 속속 나온다. 일부러 그렇게 만들었다기보다 문화가 달라 생기는 일이다. 전 달에 문제가 있거나 받아들이는 사람에 따라 결과물이 달라지기 때문이다. 안 그래 도 매장에서는 똑같은 제품을 찾기 힘들었다. 가방이나 열쇠고리, 스카프 등 같은 디 자인 제품이라도 크기가 모두 달랐다. 누군가는 작고 앙증맞은 것이 보기 좋을 테고, 어떤 사람은 무조건 커야 한다고 주장할지도 모른다. 제품을 사는 사람마다 마음이 다른 것처럼 공장이 아닌 사람이 만드는 물건 역시 그러하다. 수제품의 미덕은 정확 성이 아니라 정직일 테니 말이다. 어떤 물건도 정성이 덜한 것은 없다. 그저 만들다 보니 그렇게 되었을 뿐이다. 얼마나 인간적인가, 다르다는 것은.

봉사활동으로 네팔에 다녀온 적이 있었다. 몇 가지의 각오와 다짐을 했지만 지금으 로서는 지킨 것이 하나도 없다. 스스로에게 자존심이 상해 부끄러울 때가 있지만, 세 상을 바꿀 만한 크고 완벽한 일이 아니라면, 소소한 것들은 그저 다른 나쁜 것들에 대 한 면죄부일 뿐이라고 생각했다. 결국 지금 당장 할 수 있는 일을 실천하지 않으면서 스스로를 합리화시키는 핑계였다. 누군가가 잊지 않고 터를 잡아 일을 마련하고 있 으니, 나 역시 내가 할 수 있는 것들을 조금씩 해나가면 되는 일이다. 자리를 잘 지켜 주고 있는 그루에게 감사함이 인다. 길가의 작은 민들레에게 눈길을 주는 것처럼 세 계평화를 위해 내가 당장 할 수 있는 일은 그리 어려운 것이 아니었다.

# 낮은 곳을 보는 여자들

오가닉 코튼이 유행처럼 사람들 입에 오르내리기 시작한 것은 오래지 않았다. 그래서인지 많은 이들은 오가닉 코튼이 정확히 뭔지도 모르는 채 유기농이라는 사실만으로 제품을 선택한다.

목화 재배에는 엄청난 양의 농약이 사용된다. 전 세계 농약 사용량의 약 25퍼센트가 목화 재배에 쓰인다. 상품 가치가 높은 목화를 빠르게 수확하기 위해서다. 농약은 땅과 물과 공기와 그곳에서 사는 생명까지 죽인다. 작은 개미부터 학교에 가지 못하고 일하는 아이들까지. 오가닉 코튼은 그래서 중요하다. 유기농 비료와 퇴비를 이용하고 해충을 없애기 위해 곤충의 도움이 필요한 오가닉 코튼은 자연에 해를 끼치지 않는다.

그래서 아이들이 보다 안전하게 일할 수 있고 더 나아가 학교에 갈 수 있다. 그루에서는 인도의 마하라슈트라 지역의 농민공동체 조합에서 생산한 목화를 사용한다. 공정한 거래가 이루어지는 것은 말할 필요도 없다.

오가닉 코튼으로 만든 그루의 의류 제품은 고급스럽다. 무엇보다 가격적인 면이 그렇다. 오가닉 언더웨어의 디자인은 왠지 젊은 층에게는 어울리지 않을 듯 보였다. 넌지시 소비자 연령층이 조금 높은 것은 아닌지 물었다.

"맞아요. 타깃이 중장년층이죠. 처음 그렇게 결정했던 것은 가격 때문이었어요. 현지인들의 노동력에 대한 대가가 저렴할 거라고 생각하지만 그렇지 않거든요. 아까도 언급했듯이 옷 한 벌을 만들기 위해서는 많은 노동력과 시간이 필요해요. 그러다 보니 단가가 올랐어요. 그래서 디자인도 중장년층을 타깃으로 하는 경우가 많고요. 젊은 친구들이 부모님께 선물은 해도 자신을 위한 고가의 제품을 구입하는 데는 한계가 있죠. 그래서 젊은 세대가 사용할 수 있는 소품을 개발하고 있어요. 가방이나 열쇠고리가 그렇죠."

하지만 앞으로는 젊은 층을 겨냥한 의류도 개발할 예정이라고 덧붙였다. 거기에 그동안 그루의 제품 위주로 판매했다면 지금은 다른 공정무역 상품도 숍인숍 개념으로 들여놓았다. 그런데 젊은 층의 반응이 생각보다 좋았다. 특히 도미니카공화국에서 만든 공정무역 초콜릿의 인기가 매우 좋다. 화학첨가물을 넣지 않고 노동 착취와 아동 노동 없이 만드는 것을 원칙으로 한다.

# 그 마켓에 그 물건

### 그 루

그루에서 판매하는 물건들은 '페어트레이드 코리아'의 이념 그대로다. 제품 생산과정에서 발생하는 환경파괴와 생산자에게 불합리한 결과를 최소화하는 것을 목표로 한다. 생산자들은 대체로 아시아 여성에 집중되어 있고, 그들에게는 공정한 임금과 지속 가능한 일자리가 제공된다. 그렇게 탄생한 물건을 소비함으로써 소비자 역시 건강하고 윤리적인 소비활동에 참여하게 된다. 초기에는 자체 생산 제품을 위주로 판매했지만, 점점 다른 공정무역 사회적 기업들의 상품도 들여놓고 있다.

공정무역을 통해 들어오는 유기농 초콜릿, 공정무역 커피, 아프리카에서 들어온 바구니 등을 판매한다. 손으로 실 잣기, 베틀 짜기, 자연 염색, 손자수, 블록 프린팅, 손뜨개를 통해 생산한 의류, 가방, 스카프, 속옷 등의 천연 수제품도 구입할 수 있다.

-떡 찌 니

아버지가 출근하실 때도 인사를 하지 않는 경우가 있다.
난 가끔 그렇게 나쁜 아이다.
초등학교 바른생활 교과서에도 나오는 인사.
"안녕, 나는 철수야."
"안녕, 나는 영희야."
나는 얼마나 많은 인사를 나누며 살까?
인사가 인색해지는 어느 날, 나는 떡을 만났다.
떡은 본래 그런 정서를 담고 있다.
없는 것을 모아서 떡을 만들고, 동네 사람들과 나누고, 그래야 자신도 먹는다.
어쩌면 떡은 인사를 하기 위해 만든 음식일지도 모른다.
안녕, 하세요?

**행복한 종업원과
행복한 떡집**

봄바람이 살랑거리는 어느 날, 은은한 핑크빛으로 물들어 있는 떡찌니를 찾았다. 왠지 고루할 듯 느껴지는 떡집이지만 떡찌니는 역시 기대를 저버리지 않는 풍경으로 나를 맞이했다. 밝고 상큼하다. 매장을 처음 찾은 날처럼, 딱 봄날의 아침빛이 물들어 있다.

2010년 1월 젊은 감각의 떡집이 문을 열었다. 대표는 막연하게 자영업을 꿈꾸던 평범한 직장인이었다. 그녀의 전공은 디자인이었다. 부모님의 영향으로 떡을 만들기로 결심하고 이왕이면 다홍치마, 예쁜 것에 목숨을 걸기로 다짐했다. 어느새 떡카페가 우후죽순처럼 들어섰지만, 당시만 해도 떡찌니는 획기적이었다. 개별 포장한 예쁜 떡, 특별한 날 선물하기 좋은 케이크까지 신통방통한 젊은 아이디어였다. 하지만 대출 받은 자본금에 기댈 곳 없는 소규모 창업은 생각처럼 녹록하지 않았다.

부모님과 함께 고된 노동을 견디는 것보다 홍보지 한 장 만들 수 없는 경제적인 어려움에 자꾸만 힘이 빠지던 차였다. 그때 사회적 기업을 육성하는 정부의 방침을 만나게 되었다. 정부로부터 지원을 받는다는 점도 매력적이었지만 나누면서 살아야 한

— **동네 논현로28길**(도곡동)

이름부터 설레는 동네가 있다. 떡찌니가 자리한 길목이 그렇다. 도곡동 벚꽃길. 벚꽃은 봄을 알리는 꽃이다. 향기는 강하지 않더라도 하얀 꽃잎으로 지나는 사람들의 마음을 뒤흔든다. 한가롭던 이 길이 그랬다. 비록 자동차들이 오고 가지만 걷는 내내 꽃 풍경과 사람 향기가 떠날 줄 모르는 동네다. 4년이 흐른 지금, 여전한 것도 있지만 변한 것도 많다. 커피 전문점이 여럿 생겨났다 사라지고, 골목마다 새로운 상가가 들어서고 또 사라지고 있다.

— **마켓 떡찌니**

처음부터 사회적 기업을 염두에 두었던 것은 아니다. 주인의 주 종목 역시 떡은 아니었다. 직장을 다니다가 창업을 결심했다. 부모님의 노하우에 젊은 감각을 입히기로 했다. 당연하지만 가게를 여는 일은 생각보다 훨씬 어려웠다. 사회적 기업이 무엇인지 알게 되고, 그쪽으로 방향을 튼 것도 모두 매장을 열고 나서 결정한 것이다. 모든 것이 처음부터 계획한 것은 아니었지만, 기본을 지키며 만드는 떡처럼 기본에 충실한 가게를 운영하고자 한다.

**주소** 서울시 강남구 논현로28길 53 **전화** 02-529-1345 **홈페이지** www.dduckzziny.co.kr

다는 부모님의 가르침을 실행할 수 있다는 것이 더 좋았다. 몸이 불편한 사람들과 어르신을 직원으로 고용하고 주변 복지관에 떡을 후원하기 시작했다. 떡찌니는 그렇게 사회적 기업으로 발돋움하며 자리를 굳혀 나갔다.

사회적 기업은 취약계층의 고용과 기부 등을 기본 의무로 가진다. 그리고 정부로부터 사업 개발비와 연구비 등을 지원 받는다. 사회적 기업은 비영리단체와 영리 기업의 중간 정도에 해당한다. 한마디로 사회적 의무를 하면서 영리를 목적으로 운영하는 것이다. 그 둘을 모두 해내는 것은 쉽지 않다. 가게 운영 말고도 추가 업무가 많다. 누군가가 도와줄 수 있는 작업도 아니다. 그래도 주인은 사회적 기업을 선택한 것을 후회하지 않았다. 취약계층인 직원들은 신체 건강한 일반인들에 비해 조금 느리기는 해도 즐겁게 일한다. 주인 역시 그 모습을 보며 뿌듯함을 느낀다. 기부 문화에 동참하면서 나누는 것으로 얻는 행복의 깊이를 누구보다 잘 알게 되었다.

그럼에도 주인은 할 수 있는 일에 더 많이 집중하기로 했다. 시간이 없어도 신제품 개발을 위해 노력했다. 그렇게 탄생한 떡찌니만의 제품은 좋은 반응을 얻고 있다. 착한 가게라는 이미지에 항상 신선한 메뉴를 제공하니 사람들에게 사랑받지 않을 수 없다. 기본은 떡이지만, 떡과 함께 먹을 수 있는 조청을 시작으로 과일잼, 계절 음료까지 선보였다. 이제는 최고의 인기 메뉴인 떡빙수가 효자 노릇을 하고 있다.

떡찌니를 오픈한 지 5년째다. 비슷한 시기에 문을 연 많은 사회적 기업의 작은 가게들이 하나 둘씩 문을 닫는다는 소식이 들린다. 재료비는 상승하지만 가격은 그대로이고, 수입은 여전한데 임대료는 숫자 개념 없이 높아져만 간다. 그것이 현실이지만 떡찌니는 안 되는 일에 매달리기보다 새로운 해결점을 찾고자 노력한다. 동네를 옮기거나 떡공장에도 매장을 운영하는 등의 방법을 끊임없이 모색 중이다. 지금처럼 떡찌니의 정성과 나눔의 마음을 찾아주는 고객이 있는 한, 그리고 함께 웃을 수 있는 동료들이 곁에 있어주는 한 떡찌니의 행보는 계속될 것이다.

맛찌니 ㄸ덕찌니
www.DDUCKZZINY.co.kr
레몬차
Lemon Tea
생강차

# 함께 살고 싶은 여자

많은 사람들은 그렇게 묻는다.

"젊은 나이에, 여자가, 혼자서? 거기에 사회적 기업이라고? 힘들지 않아요?"

맞다. 떡찌니의 주인은 힘들다. 금전적인 것을 떠나, 가게 운영 말고도 해야 할 일이 산더미다. 작성해야 하는 서류도 많고 신제품 개발에도 시간이 필요하다. 이러저러한 것을 다 읊자면 세계 여행도 다녀올 판이다. 모두가 힘든 이 시기, 이 사회에서 좋아하고 하고 싶은 일을 한다고 왜 힘들지 않겠는가!

"힘들어요. 어떤 날은 그만둘까 하는 생각이 머리에서 떠나지 않아요. 그래도 계속해야 하는 이유를 물으셨죠? 혼자 살 수 없는 사람이니까요. 제 주변과 모두 함께 살고 싶어요. 다른 일자리에서는 만날 수 없는 뿌듯함이죠."

그래도 쉽게 이해되지 않는다. 뿌듯함만으로 힘든 가게를 운영한다는 것은 말처럼 쉬운 일이 아니다. 의심을 가득 품은 눈빛으로 아무 말 없이 그녀를 바라보았다. 그러고 나서 5초간의 침묵을 깨는 목소리가 들렸다.

"안녕하세요?"

가게에 들어올 때 인사했던 직원이 다시 인사를 했다.

"하하. 우리 직원이 인사를 좋아해요."

무언가 물컹한 것이 가슴을 묵직하게 눌렀다. 나는 진심을 다해 미소 지으며 다시 인사했다.

"네, 안녕하세요!"

"그전에는 몰랐어요. 행복이 멀다고만 생각했죠. 그런데 우리 직원들을 보고 알았어요. 그들은 무얼 해도 일을 하고 있다는 것만으로도 행복해하거든요. 정말 많이요."

나는 그녀가 힘든 상황에서도 떡을 나누는 이유를 믿게 되었다. 더 정확히, 함께 사는 사람으로서의 기본을 배우고 길을 나섰다. 그녀의 미소처럼 예쁜 떡을 손에 들고.

# 그 마켓에 그 물건

## 떡 찌 니

떡찌니의 떡은 방부제를 넣지 않는다. 특별한 주문을 하지 않는 한, 최소한의 설탕과 소금만 넣는다. 국내산 재료를 사용하려고 노력한다. 물가가 너무 높아 어쩔 수 없이 수입 재료를 쓰는 경우도 있지만, 보다 꼼꼼하게 검수하고 재료를 들여온다.

### 설기
복분자, 흑미, 쑥, 견과류, 단호박, 꿀 등을 넣어 만든 다양한 종류가 있다. 가장 대중적으로 인기 있다.

### 조청
국내산 쌀눈, 매실, 찹쌀, 생강, 도라지를 넣어 만든다.

### 약식

### 찰떡
크랜베리, 흑임자, 흑미, 쑥, 단호박 등으로 고운 빛깔을 자랑한다. 포장 선물로 인기가 좋다.

### 빙수류
통팥에 고소한 인절미가 가득 들어간 빙수.

### 우리 음료
수정과, 오미자차, 대추차 등 전통 방식으로 직접 담근다.

# _오브젝트

1990년대 말, 일명 '아바나다운동'이 전국적으로 퍼졌다.
아껴 쓰고, 바꿔 쓰고, 나눠 쓰고, 다시 쓴다는 의미를 지닌 이 운동은
버려지는 것을 최소화하기 위한 일종의 대안이었다.
당시에만 반짝하고 일어났던 트렌드라 생각할 수 있지만,
아바나다운동은 꾸준히 성장하고 있었다.
지금 사회 곳곳에서 주목받고 있는 것이 그 상위 개념인 '업사이클링'이다.
누군가가 버린 물건에 감각적인 디자인을 입히는 등 새 생명을 부여하는 것이다.
상상 그 이상의 것들로 세상을 바꾸기 시작하는 사람들이 모였다.
Object, 사물이라는 이름 아래.
"어느 날 아침에 눈을 떴는데 문득 언젠가 쓰레기 더미에 깔려 일어나지 못할 것 같은 거
예요."
그들을 모은 오브젝트의 주인은 그날의 생각이 오브젝트의 시작이었다고 말했다.

## 물건은 버리기 위해 사는 것이 아니다

주인은 어린 시절부터 남달랐다며 자신을 소개했다. 그녀는 주변 사람들 때문에 삶이 힘들어질 때 그들 덕분에 이렇게 살 수 있게 되었다고 믿으며 감사했다. 200여 명의 셀러 작가들과 여덟 명의 정규직 직원, 그녀까지 함께 행복할 수 있는 오브젝트라는 공간이 탄생한 것이다. 나아가 그곳에 들어와 머무는 소비자들에게까지 그 행복을 전한다.

"오브젝트 안에서 많은 변화가 있었죠. 처음에는 저 혼자만 떠들어 대던 생각을 이제는 직원들이 해요. 이곳에 오는 손님이 자신이 데려온 친구에게 또 말해요. 그런 모습을 보면 정말 말할 수 없이 기쁘고 감사해요."

그녀가 '떠들어 댔다'고 하는 것은 어떻게 하면 함께 살 수 있을지 고민하고 떠오르는 방법을 실행하기 위한 말들이었다. 어느 공간이 그렇지 않겠냐마는, 오브젝트를 진짜 알기 위해서는 주인을 먼저 알아야 했다.

---

**— 동네 어울마당로5길(서교동)**

홍대 앞 거리를 혼잡의 끝으로 생각하면 오산이다. 중앙에 있는 길들 안쪽으로 들어가야 그야말로 홍대스러운 골목과 마주할 수 있다. 그중 하나가 어울마당로5길이다. 얼핏 숨은 듯 보일 만큼 한가하다. 그래서 이곳에 자리한 가게들도 숨겨진 보물 같다. '레코드포럼'처럼 홍대의 오래된 가게도 이 길에 있고, 자전거 세대의 트렌디 바이크를 구입할 수 있는 매장도 있다. 홍대 앞이면서도 상수역과 합정역이 더 가깝다.

**지하철** 6호선 상수역, 2호선 합정역

**— 마켓 오브젝트 object**

아무것도 없는 텅 빈 공간에 디자인 컵 두 개를 놓고 문을 열었다. 2013년 3월 1일, 호기심 가득한 사람들이 하나, 둘 들어왔다. 물건이 팔리기 시작했다. 선반을 추가하고 홍대 생활 예술가들의 작품을 진열했다. 사람들이 더 많아졌다. 매장은 2층까지 넓어졌다. 삼청동에 분점을 냈다. 2014년 6월경 홍대 매장 3층에 카페 겸 세미나실까지 확장, 건물을 통째로 쓰게 되었다. 처음부터 지금의 모습을 계획하지는 않았지만 모든 것이 자연스럽게 흘러왔다. 주인의 평소 생각이 하나씩 자리 잡게 된 것이다. 리사이클링, 업사이클링, 물물교환, 수제품, 100퍼센트 수리, 디자인 주문, 사이즈 조절 등 오브젝트에 있는 모든 것은 단 하나를 지향한다. 쓰레기를 줄이고 함께 잘 살자.

**주소** 서울시 마포구 어울마당로5길 23 **전화** 02-333-1369
**홈페이지** www.insideobject.com **페이스북** facebook.com/insideobject

"제가 의류업에 종사했었어요. 7년 정도 일했는데 시간이 지날수록 더 많이 보이는 것이 있었어요. 옷을 만들기 위해 나오는 엄청난 쓰레기와 열악한 환경에서 근무하는 사람들이었어요. 제가 어릴 때부터 뜻하지 않은 고생을 좀 많이 했어요. 그래서인지 저는 늘 행복이란 무엇일까 하는 생각을 많이 했어요. 그런 생각과 환경이 맞물려 보이기 시작한 거죠. 때마침 오브젝트라는 브랜드를 가진 친구와 일을 도모하기로 했어요."

최소의 자원으로 만드는 오브젝트 웨어 쇼핑몰을 시작하게 된 배경이다. 오래지 않아 밖으로 나왔다. 좀 더 '생각 있는' 일을 해야겠다는 결심 때문이었다. 오브젝트 매장에 가장 처음 들여온 물건은 디자인 제품들이었다. 그냥 보기 좋은 디자인이 아닌, 지속 가능한 디자인을 중시했다. 거기에 수제품이어야 하고, 재활용이 더해졌다. 아이디어가 반짝이는 물건을 만드는 사람은 많다. 그런데 그들에게는 유통 방법이 없었다. 매장 안에 선반이 하나씩 늘어나면서 자리를 차지하는 셀러도 늘어갔다.

선반 임대를 한 것으로 끝이 아니라 셀러와 깊은 대화를 통해 소비자의 심리를 설명하며 디자인의 방향도 제시하고, 물건을 잘 진열하는 방법도 공유했다. 셀러와 주인이 더욱 단단한 관계가 될 수 있는 이유였다. 주인은 B급 제품에도 주목했다. 만들기는 했지만 하자가 있어 시장에 나올 수 없는 물건들이었다. 결국 쓰레기로 버려질 게 뻔한 것들을 주인은 매장으로 들여왔다. 공장 사장님의 실수로 7개월치만 찍

힌 다이어리는 거의 한정판 수준으로 인기가 높았다.

"오브젝트는 편집숍이기도 하고, 자체 디자인 제품도 만들어요. 저희도 업사이클링 제품이 기본이지만 이곳에 들어오는 다른 셀러들의 제품과 겹치지 않는 선에서 만들어요. 셀러와 직원이 다르지 않아요. 우리는 반드시 함께 성장해야 한다고 생각해요. 3층 카페에서 이루어지는 워크숍도 셀러들이 소비자들과 소통할 수 있기를 바라는 마음에서 만들었어요."

셀러와 직원이 다르지 않고 소비자 역시 마찬가지다. 홍대 매장 1층에 마련한 물물교환 코너는 누구나 자신의 물건을 가지고 와 다른 물건과 바꿔 갈 수 있다. 처음에는 사람들의 양심을 믿고 자유롭게 운영했다. 하지만 현실은 달랐다. 어디에서도 쓸 수 없는 진짜 쓰레기를 가지고 와서 괜찮은 제품을 들고 가는 경우가 빈번했다. 어쩔 수 없이 지금은 물건의 상태를 파악해 단계를 나누고 있다. 그래도 주인은 언젠가는 정직하게 운영될 거라 믿는다.

# 알 수 없는 여자

"사람들은 제가 뭐하는 사람이냐고 묻곤 해요. 직책으로 보면 이곳의 대표지만 직원 같기도 하고 패션 디자이너였다가 기획자가 되기도 하죠. 그렇게 머릿속에 떠오르는 대로 일을 하니까 주변 사람들이 헷갈려 해요. 사실 저도 잘 모르겠어요. 정말 한 가지로는 설명할 수 없을 것 같아요."

그녀의 포부는 대단하다. 먼저 자체 상품을 계속 개발하고 있다. 패션 경력을 살려 의류 분야도 시도하고 있다. 소비자들이 소비에 대한 올바른 의식을 갖기를 희망하면서 일종의 교육처를 만들고 싶어 한다. 소비와 물건에 대한 사고와 의식을 변화시키는 데 한몫하기를 바란다. 지금 함께하는 작가들이 더욱 성장해서 멋진 작품을 만들 수 있도록 평생을 함께할 생각이다. 그때가 되면 작품을 판매하는 오브젝트 명품관을 꾸릴 참이다. 매장은 못해도 다섯 군데 이상은 되어야 한다. 오브젝트의 마인드를 더 널리 알리고 싶기 때문이다. 사랑하는 직원들한테는 평생직장이 되기를 바란다. 그리고 자신만의 책을 쓰고 싶다.

그녀는 이 모든 것을 가치 있는 욕심이라고 설명했다. 가치 있는 소비는 같이하는 것이기에, 오브젝트에서 진행하는 모든 것은 가치 있는 일이라고 믿고 있다.

"문제는 문제를 인식하지 않는 것에 있어요. 문제점이 있다는 것은 해결점이 있다는 거죠. 그런데 해결점보다 먼저 봐야 하는 것이 문제예요. 문제점을 제대로 발견하면 해결책도 쉽게 찾을 수 있어요. 제가 추진력이 있는 건 사실이지만 큰 고집은 없는 편이에요. 늘 의견을 물어봐요. 직원들도 솔직하게 대답하죠. 아닌 것 같다는 의견에 대해서는 수긍해요. 어떤 가게를 운영할 때 제일 중요한 일인 거 같아요. 문제를 보려고도 안 하고 해결하기 위해 시도조차 안 하면 결국 끝나는 거죠."

그녀는 오브젝트 안의 물건에 '생각하는 사물'이라는 단어를 자주 사용한다. 생각 없는 사물은 결국 쓰레기가 된다는 것이 그녀의 설명이다. 생각하는 물건을 보는 눈은 주인의 몫이다. 생각 없는 물건이 모인 가게는 쓰레기가 될 것이다.

# 그 마켓에 그 물건

## 오브젝트

오브젝트라는 브랜드는 물건과 사물에 집중한다. 버려지거나 쓰이지 않는 물건에 새로운 가치를 부여하는 것에 목적을 둔다. 새롭게 만드는 물건 역시 쉽게 버려지기보다 깊은 호흡으로 일상을 함께할 물건을 추구한다. 200여 명의 셀러들은 각기 다른 주제와 생각으로 제품을 디자인하고 제작한다. 대세는 업사이클링이지만, 아바나다는 오브젝트의 기본 바탕이다. 오브젝트의 자체 디자인 상품들도 속속 나오고 있다. 물건들을 자세히 보고 있으면, 사람이 낼 수 있는 아이디어에는 끝이 없다는 것을 알 수 있다.

### 폐가죽, 천 업사이클링

원래 제품이 무엇이었는지 상상할 수 없을 만큼 말끔한 모습으로 재탄생하는 디자인 소품들.

### 캔버스 컵

미술 학도가 쓴 연습용 캔버스를 활용해 만든 제품. 컵, 가방, 지갑 등이 있으며, 색상이 모두 다른 한정품들이다.

### 소이캔들

이곳의 캔들은 다 쓰고 버리지 않아도 된다. 구입 가격의 60퍼센트를 내면 왁스 리필이 가능하기 때문.

### 가구의 재탄생

이 테이블조차 버려진 가구를 잘라 다시 만든 업사이클링 제품!

### 폐 자전거, 시계 업사이클링

자전거는 열쇠고리가 되고, 시계는 반지가 된다.

### 오브젝트 노트

심플함을 기본으로 디자인한, 양면 활용이 가능하고 펼치기 좋은 노트다.

### 오브젝트 가방

오브젝트 자체 디자인 상품으로, 버려진 코닥 필름으로 만든 업사이클링 제품이다.

# -좋은이웃찬방

"이게 다 수다의 힘이지.
생활협동조합에서 같이 활동하는 아줌마들끼리 모여서 수다 떨다 이래 됐지요.
우리 머릿속에는 그 생각뿐이거든요.
어떻게 하면 더 좋은 걸로 더 맛있게 우리 새끼들 먹일까 하는 생각이요.
혼자서 비싼 재료 사다가 쓸 수 있으면 편하고 좋겠지만, 재료비가 워낙 비싸잖아요.
그래서 이렇게 뭉친 거죠. 같이 만들고 함께 나누어 먹으면 좋잖아요.
어휴. 왜 안 힘들겠어요? 그래도 엄마가 힘들다고 밥을 안 할 수는 없잖아요.
돈 버는 일이라고 생각하면 턱도 없죠."

## 딱 우리 엄마 같은 아줌마들의 이야기

월, 화, 목, 금은 찬방이 운영되는 날짜다. 처음 방문하기로 했던 날은 월요일이었지만, 나는 지키지 못했다. 연신 죄송하다는 말에 괜찮다며 웃어주셨다.

다시 찾아가기로 한 날은 목요일이었다. 근처에 도착할 즈음 전화를 걸었다. 안 받는다. 다시 했지만 또 안 받는다. 결국 찬방의 문을 열고 들어갈 때까지 난 약속을 바람 맞은 줄 알았다. 우리 엄마도 그러는데, 문득 떠올랐다. 내가 약속을 못 지켜도 괜찮다 하고, 집안일에 정신없어 내 전화 못 받는 날도 허다한데, 그러고선 되레 내가 짜증을 내기도 한다.

아줌마들을 만나러 가는 길이라는 점에서 나는 엄마를 생각하고 있었다. 아직 결혼도 하지 않은 내가 이해하는 척해봤자 허사일 테지만, 나에게 밥을 해주는 엄마의 마음을 조금은 되새겨보고 싶었다. 찬방 안으로 들어가 내 소개를 하고 몇 분 지나지 않아 이내 수다 삼매경에 빠져든 모습을 보며 엄마를 떠올리길 잘했다는 생각을 했다.

— **동네** 성남대로997번길(여수동)

좋은이웃찬방이 있는 곳은 성남시청 뒷길이다. 흔히 볼 수 있는 도심의 어느 동네. 아파트가 있고 슈퍼마켓을 비롯해 편의점, 식당, 사진관과 같은 가게들이 곳곳에 자리하고 있다. 주변에 초등학교도 있고 어린이집도 있다. 청소년복지센터도 자리한다. 가게 건물 1층은 두레생활협동조합 매장이다. 구석구석 자식들 걱정하는 어미의 마음이 듬뿍 담겨 있는 공간들이 있다.

**지하철** 분당선 야탑역

— **마켓** 좋은이웃찬방

회원제로 운영되는 반찬 가게다. 생활협동조합에서 활동한 지 20여 년이 된 회원 중 일곱 명이 모여 출자하고 운영을 시작했다. 준비 무렵 마을기업을 지원하는 국가 정책을 만날 수 있었다. 3년 정도 국가 지원을 받았고 현재는 자력으로 운영한다. 회원 수는 30여 명. 하루 운영비 중 재료비가 평균 45~55퍼센트. 가끔 60퍼센트를 웃도는 날도 있다. 놀랄 노자다. 돈을 받고 음식을 건네는 책임은 그런 거란다. 남기기 위함이 아닌 좋은 것을 주기 위함이다. 가게의 유지를 위해 회원이 다섯 명만 늘었으면 바랄 것이 없다는 욕심 아닌 욕심을 만족시키기 위해 오늘도 열심히 반찬을 만들고 있다. 현재 가게를 꾸려가는 인원은 고작 세 명이 전부다.

**주소** 경기도 성남시 중원구 성남대로997번길 51-14

대화를 나누며 엄마의 마음으로 찬방을 운영하고 있다는 것을 단번에 알아차릴 수 있었다.

이곳은 화학조미료를 사용하지 않는 집 반찬이라는 기본을 고수한다. 정부에서 보조금을 받을 때나 지금이나 변함없다. 3년이 넘는 시간 동안 음식으로 인한 사고는 단 한 번도 없었다. 양념 하나도 공산품을 쓰지 않으니 당연한 일이다. 유기농 고추장이 너무 비싸서 유기농 고춧가루만 사고 직접 메주를 띄워 고추장을 만들어 사용한다. 깨는 인정받은 국내 산지에서 들여와 수십 년 된 단골 방앗간에서 두 눈 부릅뜨고 지켜보며 기름을 짜온다. 염산이 들어가지 않은 김을 사용하고 매실청까지 직접 만든다. 조미료를 넣지 않으니 음식에 감칠맛이 떨어질까 싶어 다시마 육수를 천연조미료로 사용한다.

사실 이쯤 되면 어느 종갓집 살림이다. 보통의 가정에서는 흉내도 낼 수 없다. 반찬이 회원들에게 전달되는 날은 화요일과 금요일로, 월요일과 목요일에는 다음 날의 반찬 재료를 준비한다. 양념도 손수 만들어 사용할 정도니, 간단해 보이는 나물무침도 손이 많이 간다. 구입에서부터 쉽지 않다.

이곳의 조리장은 새벽부터 가락동 농수산물시장에 다녀온다. 시장 안에 유기농 도

매상가가 있는데 그곳에서 가장 좋으면서 양도 많은 식재료를 가져온다. 어느 정도 부지런하지 않으면 생각도 할 수 없는 일정이다. 현지에서 흙 묻은 채 들어와 다듬고 씻는 것도 허다하다. 대부분의 재료가 준비되고 마지막으로 육수를 두 통 끓인다. 하나는 국거리용으로 다시마와 멸치 등을 조금 덜 넣고 끓이고, 하나는 천연조미료용으로 좀 더 진하게 끓인다. 불은 다음 날까지 꺼지지 않는다. 다음 날 준비한 재료를 가지고 반찬을 만들어 낸다. 한두 번 손님 대접으로 하는 것이 아니라 매주 이렇게 반복한다. 그러면서도 마음은 늘 우리 집에 놀러 오는 손님을 위한 상을 차리는 심정이라며 또 웃으신다.

회원은 월 단위로 가입이 가능하다. 회원으로 가입하기 전 고객이 직접 와서 식사를 해보도록 권장하고 있다. 맛은 주관적이라는 생각에서다. 저염식 식단이 건강에는 좋다고 해도 다소 심심한 음식을 절대 못 먹는 사람에게는 강요할 수 없는 노릇이다. 소비자는 천 원 한 장도 그냥 내주는 법이 없다. 반찬도 마찬가지다. 월별 반찬 계획이 있다고 해도 특정 음식을 먹지 않는 회원을 따로 체크해 두었다가 오로지 그 회원만을 위한 반찬을 따로 만든다. 물론 회원 수가 그리 많지 않기에 가능한 일이라고는 하지만, 주는 대로 먹으라는 식의 몇몇 식당을 떠올리면 참 고달프겠다는 생각마저 든다.

# 소화제를 먹어본 적 없는 여자

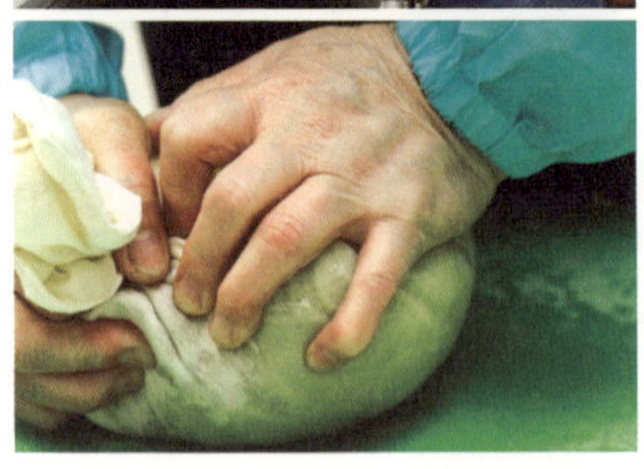

이런 운영이라면 소문이 자자해서 회원도 많이 늘지 않냐는 나의 질문에 아직 우리나라는 반찬 사먹는 것을 자랑할 만한 정서는 아니라고 대답한다. 가정주부가 반찬까지 사먹느냐는 핀잔을 듣기 일쑤라는 거다. 심지어 맞벌이 부부도 집에서 먹는 한 끼니를 사다 먹는 것에 그리 긍정적이지 않단다. 지역 회원들로 운영되는 가게이다 보니 회원이 다른 사람에게 자랑을 해야 신규 회원이 될 가능성이 높다. 하지만 그런 사회적 분위기 때문에 회원들조차 회원임을 굳이 말하지 않는 것 같다고 덧붙였다. 입맛에 맞는다면 더 실용적인 방법이라는 생각이 머릿속을 떠나지 않는다. 가정에서 다양한 종류의 반찬을 골고루 섭취하기에는 한계가 있다. 집에서 살림만 해도 반찬 만드는 것에만 시간을 온전히 투자할 수는 없으며 맞벌이라면 더더욱 시간에 쫓길 것이다.

"우리 조리장님이 워낙 요리하는 것도 좋아하고 나누는 것도 좋아하세요. 음식을 쉽게 후딱 만들어 내시죠. 몸에 밴 거예요. 1년에 한 번 휴가를 가시는데, 그때가 제일 힘들어요."

함께 일하는 아주머니는 말했다. 전체적으로 가게를 이끄는 데 중심이 되는 조리장의 역할과 그것을 뒷받침하는 분들의 일심동체가 느껴졌다.

"제가 육류를 안 먹어요. 어릴 때부터 그리 좋아하지 않았는데, 10여 년 전에 환경지도자로 활동하면서 아예 먹지 않기 시작했어요. 뭔가 특별히 잘 해먹는 것도 아니고 그저 집밥을 잘 먹자 주의거든요. 그런데 소화제를 먹어본 기억이 없네요. 이 가게를 운영하기 전이나 지금이나 음식 만드는 방법은 변한 것이 없어요. 아니 지금 더 신경을 쓰죠. 우리는 돈을 받는 거잖아요. 그래도 좋아요. 이렇게 나와서 일할 수 있다는 것이 어디예요? 우리 반찬을 먹고 기분 좋게 일상을 꾸려가는 분들이 계시고요."

조리장은 조금 더 받기는 하지만 이곳의 직원들은 최저임금보다 쪼끔 더 높은 시간제 급여를 받고 있다. 30여 명이 넘는 회원들과 그 가족들을 위해 지금도 그녀들의 손은 마를 날이 없다.

# 그 마켓에 그 물건

## 좋은이웃찬방

예쁜 도시락에 담기는 반찬은 세 가지. 거기에 국을 곁들인다. 도시락은 또 천보자기에 싸서 생협 매장에 놓아둔다. 회원들은 그날의 반찬을 찾아가고 지난번 반찬 도시락을 가져다 놓는다. 엄마가 반찬 좀 싸왔다며 놓고 가는 모양새와 다를 바가 없다. 월별 식단표가 마련되고 특정 음식을 먹지 않는 회원에게는 다른 반찬을 제공한다.

# – 행궁솜씨

어우러져 함께 살아가는 것에 대한 의미를 되새기고,
지역의 자원을 활용하기 위해 탄생한 마을 기업들이
한때의 유행처럼 사라지고 있다.
현실적으로 오래 유지하기 힘든 분위기에서
수익을 내고 함께 발전하며 살아남는 기업 또한 있다.
수원시의 행궁솜씨가 그렇다.
마을 기업이라고 해서 특별할 것은 없다.
좋은 뜻을 모아 공생하는 방법을 찾는 사람들의
끊임없는 노력과 인내가 비결이라면 비결이다.
그리고 그들은 엄청난 이익을 바라지 않는다.
함께 행복해지기 위한 소박한 삶을 꿈꾸기 때문이다.

## 주민들이 예술가로 거듭나는 공간

"여기로 시집을 왔어요. 시아버지께서 직접 지으신 집이에요. 세월이 꽤 많이 흘렀죠. 형태는 그대로 남겨두고 전시 공간으로 이용할 수 있도록 아주 조금 손을 봤어요. 나머지는 예전 모습 그대로죠."

골목 안으로 들어가 마주한 대안공간 눈의 외관은 평범한 주택의 모습이었다. 여러 가지 포스터가 붙여 있고 윈도 갤러리가 꾸며져 있어, 그나마 이곳이 미술관이라는 것을 짐작할 뿐이다. 대문 안으로 들어서면 왼쪽으로 작은 카페가 보이고 중앙에 너른 마당이 있다. 파릇한 잔디는 매일 손질한 듯 보이지만 다른 것들은 지난 시간의 두께가 고스란히 쌓여 있다. 처음 자리한 이후 한번도 손길이 닿지 않은 듯했다. 그대로 둔 것만큼 자연스러운 것이 없다는 사실이 다시금 떠오른다.

이곳은 주인의 말대로, 수원시 마을 기업인 행궁솜씨가 들어서기 전부터 운영되던 갤러리다. 이곳으로 시집 온 갤러리 주인은 현재도 왕성한 활동을 하는 조각가다. 자신의 작업실과 함께 전시관을 만들기 위해 시아버지가 물려준 공간을 오픈했다. 주

---

**— 동네 화서문로(북수동)**

마을 기업 행궁솜씨가 있는 곳에서 조금만 걸으면 수원 화성이다. 조선시대 정조의 역사를 안고 세계문화유산에 등재되었지만, 그로 인해 지역 개발이 제한되어 성곽 안에 사는 주민들의 삶은 낙후되어 갔다. 마을에 다시 활기를 불어넣은 것은 행궁동사람들이라는 프로젝트였다. 하지만 주민들의 적극적인 참여가 없었다면 잠시 반짝했다 사라졌을지도 모른다. 2011년 이 동네는 대한민국공간문화대상 대통령상을 받았다. 그 후 지금까지도 멈추지 않고 새롭고 놀라운 모습을 보여주고 있다.

**— 마켓 행궁솜씨**

행궁동이 밝아졌다. 마을을 떠났던 사람들이 다시 돌아왔다. 술집이 가득하고 어둡고 칙칙한 동네에 아기자기하고 밝은 카페와 음식점들이 들어섰다. 그 시작에 행궁솜씨가 있고 대안공간 눈이 든든한 배경이 되고 있다. 대안공간 눈은 2005년경 오픈한 갤러리다. 행궁솜씨라는 마을 기업을 기획, 운영하기 시작한 것은 2012년이다. 정부는 수원 행궁동에서 자리를 지키고 있는 대안공간 눈에 지원을 약속하며 마을 살리기 프로젝트를 의뢰했다. 행궁동 벽화 마을이 탄생되고 행궁동 사람들의 이야기를 세상에 알리기 시작했다.

**주소** 경기도 수원시 팔달구 화서문로 82-6  **전화** 031-244-4519

인은 점점 뒤처져가는 마을에 문화 예술이 유지되기를 바라고 주민들과 소통하기 위해 부단히 노력했다. 이곳의 방향이 그러했으니, 2010년 수원시로부터 공식적인 제안을 받은 것은 자연스러운 일이었다.

가장 먼저 시작한 프로젝트는 '이웃과 공감하는 예술 프로젝트-행궁동사람들'이었다. 역사를 간직한 문화와 현재의 생활고가 공존하는 행궁동에서 주민들에게 예술적 영감을 발견하도록 돕는 한편, 예술 문화의 활성화를 위한 창작 교육과 전시 등을 진행했다. 골목벽화사업도 이맘때 진행되었다. 그리고 가장 집중한 것은 노인 문제였다. '어르신 솜씨 발굴 프로그램'이라는 이름으로 마을에 있는 일곱 개의 경로당에 작가팀을 연계해서 어르신들과 함께 무언가를 생산하는 기회를 제공했다. 프로젝트는 매우 성공적이었고 해를 거듭할수록 발전적인 모습으로 진화하고 있다. 행궁동의 마을 분위기가 바뀌기 시작했고 유흥업소가 사라지고 밝은 분위기의 가게들이 들어서면서 많은 사람이 이곳을 찾기 시작했다. 대안공간 눈에서 운영하는 갤러리 카페에 주민들이 직접 만든 생활 예술 공예품을 들여놓고 지역 작가들의 작품을 판매하다 보니 마을 기업의 수입도 높아졌다. 작가들은 큰돈은 아니지만 용돈 정도의 벌이가 가능했다.

"행궁솜씨를 통한 수익은 거의 없다고 봐야죠. 몇 천 원짜리 물건 한두 개 팔린다고 큰돈이 되겠어요? 하지만 자신의 물건을 팔 수 있는 공간이 생기고 이곳을 찾는 사람들이 늘어난다는 것만으로도 큰 희망이 되죠. 저는 갤러리와 행궁솜씨가 앞으로도 운영될 수 있도록 책임지고 있을 뿐이에요. 이곳은 행궁동 주민들의 것이에요."

주인은 마을이 변하는 모습에 뿌듯하다고 말했다. 자신은 명목상 책임지고 있을 뿐, 이곳의 진짜 주인은 주민이라고 강조했다. 함께하는 사람을 믿을 수 있을 때 성장한다는 것을 새삼 깨달았다. 전통 가옥의 형태를 띤 본채와 별채가 중앙에 정원을 두고 있다. 본채에서는 기획 전시가 진행되고 무료 관람이다. 중견 작가전이 열리는 날도 있지만, 대체로 신인 작가와 주민들의 작품으로 채워진다. 비가 내릴 때를 제외하고 대문 앞에서는 체험 프로그램이 진행된다. 이름하여 모자이크 벽화체험! 작은 타일 위에 정성껏 그림을 그리고 그 타일을 갤러리의 벽면에 붙여놓을 수 있다. 매주 토요일마다 벽화이야기 골목투어도 진행한다. 홀로 둘러보는 골목 구경도 즐겁지만 함께 이야기를 나눌 수 있는 기회는 더욱 소중하다.

# 자유롭게 소통하는 여자

이곳 갤러리와 카페는 모든 것이 무심하게 놓여 있다.
"상당히 자유로운 분위기예요!"
그녀는 당연하다는 듯 대답했다.
"그럼요. 자유로워야지요."
작품들이 놓인 공간은 작가들의 자유로운 생각과 표현 방식처럼 역시 자유로웠다. 공간은 언제나 주인의 성향을 닮는다. 자신의 생각을 자유롭게 표현하는 것에 익숙한 작가는 그 안에 머무는 모든 것에 자유를 부여한다. 구역만 정해주고 나머지는 각자에게 맡긴다. 갤러리에 전시된 작품들은 하나같이 존재감이 뚜렷했다. 크기나 재료는 물론, 심지어 순수 혹은 뉴미디어와 같은 장르마저 다르다는 것이 특이했다. 그럼에도 한데 어우러져 한 공간에서 함께 자리하고 있다. 공동체란 바로 그런 거다. 나와 내 옆에 있는 사람이 달라도 상관없다. 다른 것이 당연한 곳에서 우리는 함께 산다. 그것이 공동체다.

"대안공간 눈이 어느덧 10주년을 맞이했어요. 이즈음에 맞춰 바로 옆 공간에 봄을 개관했어요. 봄 역시 눈과 같은 형태로 운영돼요. 다만 이곳은 카페 자리가 더 넓죠. 더 많은 사람들이 찾아올 수 있는 프로그램들을 진행하는 데 도움이 될 거라고 생각해요. 2층과 옥상도 계속 꾸미고 있어요. 2층으로 올라가는 길에 작은 타일을 이어서 붙여놓았는데, 이곳을 찾아온 사람들이 직접 그린 것들이에요. 재밌지 않나요? 아직 완전히 채워지지는 않았지만 하나둘 모여 옥상 벽면까지 채울 거예요. 모두와 함께한다는 일종의 상징이 되어주겠죠."

계단을 오르며 사람들이 그려놓은 타일을 하나하나 들여다보았다. 절로 미소가 지어지고 왠지 마음이 흔들렸다. 이상하리만큼 따뜻한 공기가 흘렀다. 굳이 대화를 나누지 않아도 이곳에 머물렀던 사람들과 소통하는 기분이다.

# 그 마켓에 그 물건



행궁솜씨의 물건은 대안공간 눈의 별채인 카페와 새롭게 문을 연 봄 카페에서 볼 수 있다. 전문 작가의 작품은 물론 소소한 생활 예술 공예품까지 다양하다. 대부분 수공예품이지만 가격이 그리 높지 않다. 지역 주민이 만드는 유기농 쿠키도 있다. '행궁동사람들' 프로젝트에 관한 내용이 담긴 책자와 예술 관련 서적도 비치되어 있다.

# 북! 마켓

**PART 4** book! market




북! 마켓

**PART 4** book! market

# –스토리지북앤필름

나는 스마트하지 않다. 스마트폰을 사용하지 않기 때문이다.
어디든 처음 찾아갈 때, 집에서 검색한 인터넷 지도를 인쇄하거나
머릿속에 저장하고 움직인다.
스토리지북앤필름을 찾아가는 날은 메모지에 끄적거린 내용만 믿었다.
결국 골목 어귀에서 길을 헤맸다. 지나는 사람들에게 물어가며 어렵사리 서점을 찾았다.
난 이 가게를 찾는 동안 서너 명의 사람을 더 만났고
서점이 있는 골목 말고 두세 곳의 골목을 더 둘러볼 수 있었다.
서점에 도착해서 책을 둘러보고 그곳의 주인과 만났다.
한동안은 스마트하지 않은 생활을 유지할 것이라 확신하게 되었다.

달이 뜨면
가고 싶은 서점

"여기는 밤이 더 예뻐요."

매장 사진을 찍으러 다시 오겠다는 말을 하자, 주인은 서점의 풍경이 예쁜 시간을 넌지시 알려준다. 이곳의 주인은 사진 좀 찍는 사람이다. 아니, 사진작가다. 가게의 처음은 본인의 취미 활동에서 시작했다. 필름 카메라로 사진을 찍던 주인은 필름 카메라가 자꾸 사라져가는 것이 아쉬웠다. 금융권에서 일했지만 작은 가게를 열어 카메라와 필름을 판매하기 시작했다. 그때가 2008년, 가게 이름도 '카메라와 필름'이었다. 여행을 좋아하고 그곳에서의 추억을 사진으로 남겼다. 그 흔적을 혼자만 간직하고 싶지 않았다.

독립출판을 결정한 계기는 간단했다. 여행에서 만난 여러 사람들과 감동의 순간을 나누고 싶었던 것. 주인은 홀로 책 하나를 만들어 출판사와 서점을 돌아다녔다. 그때 알았다. 아무것도 없는 사람은 무언가를 나눌 수도 없다는 현실을. 그래도 포기하지

---

— **동네 신흥로**(용산동2가)

용산의 해방촌으로 알려진 곳이다. 남산 아래부터 용산고등학교 입구까지 구 주소 용산동2가와 용산동1가의 일부가 포함되어 있다. 광복 이후 형성된 마을이라 해방촌으로 불렸고, 거주민들 역시 한국전쟁과 광복에 의해 떠밀려 들어온 사람들이 대부분이었다. 소위 이방인들의 동네. 역사의 흔적은 고스란히 남아 있다. 곳곳의 가게에 여전히 해방이란 단어를 사용하는 것뿐만 아니다. 쉽게 섞이지 못하는 사고방식을 가지고 있는 사람들이 속속 터를 잡기 시작한 것도 마찬가지다. 벽화 그리기가 유행처럼 번지던 한때, 골목 벽들이 색색의 옷을 입었다. 남산으로 향하는 108계단이 그 길의 시작에 있다.

**지하철** 4호선 숙대입구역, 6호선 녹사평역

— **마켓 스토리지북앤필름** STORAGE BOOK & FILM

주인이 직장 생활을 하면서 꾸렸던 가게는 충무로에 위치하고 있었다. 오롯이 가게만으로 상계를 이어가기로 결심하고 서울 지도를 펼쳐 들었다. 제2의 단원을 시작할 장소를 골랐다. 해방촌. 서울 안에 몇 남지 않은 시골 풍경을 간직한 동네는 주인 마음에 딱 들었다. 비스듬한 길가에 자리한 지금의 가게도 마찬가지였다. 한적한 공기가 흐르는 골목, 밤이면 여린 불빛이 은은하게 퍼지는 매장이 한 폭의 그림 같다. 전쟁의 아픔을 간직하고 터를 잡아 생계를 꾸려갔던 사람들의 역사 위에, 세상에 하고 싶은 말을 하고 싶어 진지한 고민을 하는 사람들의 길을 잡아주고자 노력하는 독립출판 전문 서점이 그토록 잘 어울린다.

**주소** 서울시 용산구 신흥로 115-1 **전화** 010-2935-9975 **홈페이지** www.storagebookandfilm.com
**페이스북** facebook.com/storagebooknfilm

않았다. 아니 더 나아가 결심을 확장했다. 자신과 같은 사람들을 위한 자리를 마련해야겠다고 다짐했다. 자신이 좋아하는 필름 카메라와 함께 독립출판물을 팔기로 했다. 그렇게 탄생한 스토리지북앤필름은 해방촌에서 제2의 꿈을 펼치게 되었다.

이곳은 독자를 위한 서점이 아니다. 제작자를 위한 곳이다. 서점에서 흔히 하는 검열도 없다. 어떤 형태건 어떤 내용이건 주인은 모든 것을 수긍한다. 우후죽순, 누구나 책 하나쯤이야 쉽게 만들 수 있는 세상이지만, 책이라는 것을 만드는 그들은 분명 진지하다. 주인의 지론이다. 제작자들의 순수한 진심을 믿는다. 그 역시 그러했기 때문이다. 책을 만드는 것은 다소 쉬울지라도 그 책을 유통하는 것은 모두가 느끼는 어려움이다. 대형서점에 한번 들어가기도 힘들고, 이렇다 할 판매처를 찾는 일은 더욱 쉽지 않다. 그러나 이곳은 다르다. 누구나 들어올 수 있다. 주인은 제작자를 위한 서점이라고 말한다. 하지만 독자에게도 다양한 종류의 책을 만날 수 있는 공간 역시 많지 않다는 것을 감안하면 이곳은 역시 독자를 위한 서점이기도 하다. 제작자와 독자를 나누는 것 자체가 불필요할지도 모른다. 오늘 책을 사간 사람이, 내일 자신의 책을 팔아달라고 찾아올 수 있기 때문이다.

스토리지북앤필름의 콘셉트는 이곳에서 열리는 세미나와 강좌, 이벤트에서도 묻어난다. 종종 누구나 참여할 수 있는 독립출판 강좌가 마련된다. 몇 곳의 시설에서 운영되고 있는 커리큘럼이지만, 이곳은 좀 더 현실적인 부분에 중점을 두고 있다. 무분별한 제작이 아닌 진정성 있는 책을 만드는 방향을 고민하고 결과물로 완성시킨다. 그런 다음 독립출판으로서 사람들에게 선보일 수 있는 유통과정의 실질적인 방법을 주고받는다. 이곳만의 분위기와 형식을 가진 북 콘서트도 진행된다. 좀 더 소규모이며 좀 더 친밀하다. 창작자와 이런저런 이야기를 시간 제한 없이 나눌 수 있는 시간이다. 소통에 집중할 수 있도록 꾸며진다. 소책자 만들기 수업도 있다. 시작이 반이라는 말처럼, 우선 작은 것이라도 만들면서 막연했던 책 만들기를 시작해보기를 바라는 주인의 배려다.

# 만족할 줄 아는 남자

만족이라는 단어만큼 허무한 것도 없다. 사람이 과연 만족할 수 있을까? 만족의 기준은 무엇이고 그 이후의 욕심은 또 어디서부터 잘라낼 수 있을까? 때때로 나는 만족이라는 단어에 부정적이다. 자기만족이라는 미명 아래 다른 이들과 다른 삶을 꾸려가고 있지만, 문득 밀려오는 욕심에 흠칫 놀라곤는 한다. 무슨 수행자도 아니고, 욕심 없이 만족하는 것은 아무리 좋게 생각해도 어렵다.

어려운 상황임에도 불구하고 가게를 유지하는 이유가 무엇이냐며 미소는 지었지만 따지듯 물었다.

"자기만족이죠."

독립출판. 인디 작가들을 돕는 그 마음이 착한 것 같다는 내 말에 그는 또 대답한다.

"아니에요. 그냥 자기만족이에요."

이 남자가 상상 속에만 존재하는 성인군자인가? 만족이라는 단어가 스스럼없이 자꾸 흘러나온다. 눈빛도 미소도 거짓이 없다. 적어도 함께 이야기하는 순간은 그러했다. 다른 이의 자기만족이 겸손으로 느껴진 것이 처음이다. 그렇구나. 겸손하면 만족할 수 있다. 욕심을 부리지 않는 것이 아니라 자신을 낮추고 할 수 있는 일, 해야 한다고 믿는 일을 묵묵히 해나가는 길이 만족을 향한 것이다.

"직장에서 심신이 정말 바닥까지 내려갔었어요. 피폐하다는 것이 그런 기분이더라고요. 어떤 것도 아닌 오로지 나 자신에게 떳떳하고 만족스러운 삶을 살아야겠다고 다짐했죠. 직장에서 그럴 수 없었던 건, 저라는 사람이 가지고 있는 색깔 때문이었던 것 같아요. 그런 상황 속에서 끝없이 아래로 내려가는 저를 발견할 수 있었던 것이 제가 지금

만족할 수 있는 바탕이 되어준 것 같아요. 어려운 출판 시장에서 뜻을 가지고 자신의 색을 만들고 써내려가는 이들을 도울 수 있다는 것이 무척 뿌듯하죠. 그것이 제 일이 되어 이곳에 있는 것으로 충분히 만족할 수 있어요."

그에게 욕심이 없는 것은 아니다. 그 욕심이라는 것이 다른 이들과 더불어 잘 살 수 있는 길에 대한 모색이라는 점이 다르다면 다르다. 사람은 분명 만족할 수 있다. 어떤 방법으로 만족에 다가가려 하는지가 그 유무를 확정 지을 수 있다.

# 그 마켓에 그 물건

스토리지북앤필름

'WALK'
여행 사진집
주인이 직접 만드는
독립출판 여행
사진집 시리즈

'5구일간의
산티아고'
독립출판사 '6699press'
에서 발행하는
보통의 여행책들

'안녕,
둔촌주공아파트'
아파트가 고향이 된
젊은이들이 바라본
아파트 세상

'World&Sons' 시리즈
일본인 부부가 세계일주 후
엮은 수제 책

9여친 시리즈
솔직한 젊은이가 들려주는
연애에 관한 이야기
그리고 일러스트

절망북스
사표 시리즈 등
독립출판물
제작자 모임

서울시
용산구
이태원로 151

—왓 더 북



"How are you?"

"Fine, thank you. And you?"

이 정도쯤이야 자신 있다. 인사성 바른 한국인이 이 정도면 됐지, 뭐가 더 필요한가?

같은 한국말을 하면서도 소통이 안 되는 것이 우리가 사는 현실인 것을.

하지만 그건 모르는 소리다. 언어야말로 가장 기본 중에 기본이다.

당신을 알고 싶어 하는 마음의 시작은 상대의 언어를 배우는 일이다. 처음이야 어렵다.

어쩌면 그 노력이 끝나지 않을지도 모른다. 사진도 일종의 언어인 셈이다.

음악도 마찬가지다. 하물며 사람이야.

함께 쓰는 모국어는 물론 개개인만의 언어 역시 가지고 있다.

## 한국인에게 더 필요한 영어 책방

동네 서점들이 하나의 테마를 중심으로 자신만의 색을 갖기 시작한 건 오래되지 않았다. 대형 서점의 축소판으로만 운영되던 동네 서점들은 더 이상 자리를 지킬 수 없었다. 일각에서는 전자책이 활성화되지 않은 상태에서 그 출현만으로도 종이책에 대한 우려를 늘어놓았다.

10여 년 전 외국 서적 전문점인 왓더북이 문을 열었다. 지금 왓더북은 뜻하지 않게 동네 서점이 가야 할 길을 제시하고 있다. 자신만의 종목에 집중해야 살아남을 수 있기 때문이다. 또한 운영 시스템도 배울 점이 많다. 심지어 대형 브랜드 서점보다 먼저 선보인 서비스가 있었다. 바로, 손님이 책을 주문하고 서점이 대신 배송을 받는 것이다. 외국인의 경우 한국인 택배 아저씨와 의사소통을 하는 데 적잖은 어려움이 있다. 집에 책을 받을 사람이 없는 경우에도 효율적인 방법이었다. 더구나 손님은 이렇게라도 매장을 찾으니 구매율도 향상된다. 외국인 손님이 엄지손가락 치켜세우며 "The

---

**— 동네 이태원로(이태원동)**

서울에서 이렇게 다양한 언어를 만날 수 있는 곳이 있을까? 명동이 있다. 하지만 명동의 언어는 판매와 소비만 난무하다. 이태원의 언어들은 소통을 위한 경우가 많다. 술집에서도, 클럽에서도 말을 해야 그다음 단계로 넘어갈 수 있다. 무언가를 사고팔기 위함이 아닌 당신을 알아가기 위해서다. 왓더북이 자리한 이태원 중심로가 그렇다. 수많은 언어를 지닌 사람들의 무리가 오고 간다. 그 안으로 들어가고 싶다면 마음을 열고 입을 열어야 한다. 그래야 그다음으로 넘어갈 수 있다.

**지하철** 6호선 이태원역

**— 마켓 왓더북 WHAT THE BOOK?**

지금의 위치는 세 번의 이사 끝에 자리했다. 처음에는 한국인 배우자를 맞은 주인이 필요한 책들을 들여온 것에서 시작되었다. 작은 공간, 헌책과 새 책, 주문 받은 책들로 꾸며진 외국인 영어 서점이었다. 지금도 영어권 책들만 구비되어 있다. 공간은 넓어졌고, 책장도 미국에서 직접 들여왔다. 문을 타고 넘어오는 순간, 어느 외국 도시의 동네 서점이 떠오른다. 2층에 위치한 왓더북은 1층 복덕방과 옆집 레스토랑과도 신뢰를 쌓았다. 새로 이사 온 이곳의 분위기를 익히는 데 복덕방이 사랑방 역할을 해주었고, 주차장 없는 왓더북을 찾아온 사람들을 위해 주차 공간을 내주는 레스토랑과도 막역한 사이가 되었다.

**주소** 서울시 용산구 이태원로 151 **전화** 02-797-2342 **홈페이지** www.whatthebook.com

best!"라고 칭찬하는 것은 당연하다.

외국인이 주인이니 한국인에게도 신세계 서점이다. 이유인즉, 책을 선별하는 것이 한국인의 입장이 아니라 현지인의 안목이기 때문이다. 그들에게 인기 좋은 작가, 그들이 많이 보는 책 등 대형서점에서 알려주는 세계적인 베스트셀러와는 차이가 크다. 아니 한결 폭넓다는 말이 맞을 테다. 한국인에게 팔릴 만한 책을 들여오는 대형서점들의 선별 기준은 분명 다양한 이유가 있을 것이다. 하지만 그런 기준이 이곳에서는 적용되지 않는다. 그래서 더욱 다양한 작가들과 책을 만날 수 있는 왓더북이 매력적이다. 또한 동네 서점이 가질 수 있는 장점이기도 하다.

"유아와 아동 서적이 꽤 많아서 한국 엄마들이 많이 찾아와요. 그런데 한국인이 만든 영어책 종류는 없냐고 묻곤 해요. 이곳은 현지 아이들이 배우는 책들이에요. 시험 대비라던가, 문제 풀이용 책이 아니죠. 그리고 부모들이 책값을 너무 아까워하세요. 그런 모습을 보면 같은 엄마 입장에서 안타깝죠."

한국에서 영어가 필요한 한국인들에게도 더없이 좋은 서점이다. 언어를 배우는 것은 목적을 향해 무조건적으로 외워야 할 수 있는 일이 결코 아니다. 한국식 사고를

조금 덮어두고 현지의 문화와 취향을 인정하는 것이 중요하다. 자라는 우리 아이들에게는 더욱 그러하다. 그래야만 차별과 차이의 의미를 자연스럽게 습득할 수 있다.

"이곳에서 근무하는 학생들은 대부분 네이티브 정도의 영어 실력을 가지고 있어요. 한국에서만 공부해도 그 정도 수준이죠. 그 뒤에는 영어라는 언어에 대한 애정과 그곳의 문화를 받아들이는 자세가 있더라고요. 들어오는 손님을 대하는 태도에서 다 나와요. 그 친구들은 이 공간을 무척 좋아해서 직장에 취직해서도 자주 찾아와요."

서점에 대한 자랑이 끝이 없다. 그 말을 듣다 보니 나도 모르게 고개가 끄덕여진다.

# 네이티브한 여자

안주인과 한참 이야기를 나누다가 단골로 보이는 외국인 손님이 들어와 우리를 보고 인사를 건넸다. 그녀 역시 유창한 영어로 안부를 물었다. 무슨 말을 하는 거냐고 묻자 그녀는 친절하게 설명해주었다. 그 둘은 나와 있는 상황을 설명하고 손님은 가게에 대한 칭찬을 늘어놓고 그녀는 웃었던 것이다. 그 사이에서 덩달아 나는 그냥 웃지요 하는 어정쩡한 표정으로 그 둘을 번갈아 바라보았다.

"제 매부가 서점을 운영하다 고국으로 돌아가게 되었고, 저 역시 일을 찾고 있었기에 시작했어요. 남동생은 창고를 맡았고요. 패밀리 마켓이죠. 사람들이 가끔 영어권에서 살았냐고 묻지만, 우리 아들은 아직도 제 발음이 좋지 않다고 해요. 여행을 다녀온 적은 있어도 나가서 공부를 하거나 살았던 적은 없어요. 저는 생계형 영어라고 말하죠."

나도 조금은 안다. 생계형 언어. 아무리 세상이 좋아져서 계산대 위에 물건을 올려놓고 카드 한 장 내밀면 물건을 들고 나올 수 있다지만 말을 못해 울며 겨자 먹기로 진짜 겨자를 먹어본 적이 있다. 나 역시 정말 살기 위해 언어를 습득해야 했던 때가 있었다.

"하지만 살기 위해서이기만 했다면 싫증이 나거나 힘들어 했을지도 모르죠. 시간이 지날수록 재미있었어요. 이 일이. 이 공간이요. 몸은 고되고 처음 부닥치는 언어적 한계는 때로 고통스럽기까지 했죠. 하지만 일이 좋아지기 시작하자 언어는 자연스레 늘더라고요. 손님들한테 알려주고 함께 소통하고 싶어졌으니까요."

나도 조금은 안다. 언어 실력을 늘리는 가장 빠른 비결은 애정이라는 사실을. 갑자기 후회가 밀려온다. 다른 나라를 사랑하게 되자 빠르게 성장했던 나의 언어를 사람에게만은 적용시키지 못했던 지난날이 떠오른다.

# 그 마켓에 그 물건

## 왓 더 북

헌책과 새 책을 함께 구비해 두었다. 분야가 다양하다. 소설도 고전부터 현대에 이르고 비소설도 여행부터 실용서, 잡지까지 있다. 유아동 서적과 왓더북에서만 찾아볼 수 있는 영어 참고서도 많다. 북페어를 자체적으로 진행한다. 전국의 학교를 찾아가 외국 서적을 전시하고 판매한다. 외국인 교사들의 요청이 많은 편이다. 저자와의 만남, 스토리텔링 이벤트도 진행한다. 한국에 들어올 수 있는 저자를 초대해 어른 아이 할 것 없이 만남의 시간을 갖는다. 자유로운 분위기는 여느 저자와의 만남에서도 볼 수 없는 특별한 시간이다.

─피노키오

책방 안에는 주인의 책상이 있다.
그 위의 책 한 권이 눈에 띄었다. 제목이 '작은 책방'이다.
주인이 읽고 있는 소설이다. 주인은 나에게 책 속 문장 하나를 읽어주었다.
아주 리얼한 톤으로.
"세상에, 책방을 하겠다고?"
다른 동네 서점을 찾았을 때도 그곳 주인이 이 책을 알려주었다.
그럼에도 그들은 서점 문을 열었다.
서점 안을 돌아다니다 또 다른 곳에서 나는 책 한 권을 구입했다.
〈서점은 죽지 않는다〉.

세상의 모든 그림책

비닐로 꽁꽁 포장한 책이 서점에 떡하니 버티고 있는 것을 볼 때마다 왠지 괜한 심술이 난다. 절대 그런 책은 사지 않겠다고 결심하는 것을 보면. 책은 저자의 것도, 출판사의 것도 아니다. 독자는 지출을 해야 하고 누군가는 수익을 얻는 과정은 자본주의의 섭리를 따르는 다른 물건들과 매한가지지만, 그래도 책은 열린 소유물이다. 누구라도 쉽게 펼쳐볼 수 있어야 한다. 우리 동네에 있는 서점만큼은 그렇지 않기를 바라는 것은 지나친 욕심일까. 그림책방 피노키오의 주인도 그렇게 생각했다. 애초에 비닐에 싸여 들어오는 외국 수입 도서 몇몇은 어쩔 수 없이 샘플 책을 봐야 하지만, 그림책방 안 대부분의 책은 누구나 펼쳐볼 수 있다.

"그림책은 표지 그림만으로는 작가의 성향을 파악하기 힘들잖아요. 그림이 흑백인

— 동네 성미산로(연남동)

연남동은 몇 해 전까지만 해도 평범한 주택 밀집 지역이었다. 지금은 어느 곳보다도 핫한 동네로 주목받고 있다. 젊음, 열정, 예술이 뒤엉켜 옆 동네인 홍대 앞과 비슷하면서도 다른 연남동식 문화를 형성하고 있기 때문이다. 축제 전야제 같은 풍경이랄까. 주택가 지역으로 낡은 건물도 속속 보이지만, 새롭게 단장하는 카페며 술집, 갤러리, 가게들이 들어서고 있다. 찾아오는 사람들이 늘어나자 골목이 복잡해지고 가겟세가 오르니 기존의 가게들은 아무래도 힘들다. 하지만 여전히 순수함을 한껏 느낄 수 있는 곳이다. 좁은 골목 안에 다닥다닥 붙어 있는 가게들은 서로를 공동체라 여기며 함께 발전하고자 노력한다. 그야말로 사람 사는 곳이다.

**지하철** 2호선 · 공항철도 홍대입구역

— 마켓 피노키오 PINOKIO

영어 전문 번역가인 주인장은 서점에 대한 꿈을 가지고 있었다. 어느 날 지금이 아니면 안 될 것 같은 순간을 마주했다. 막연했던 꿈을 현실로 옮기기로 마음먹고 준비를 시작했다. 어떤 책을 전문으로 할 것인지 고민하다 자신이 가장 좋아하는 그래픽노블로 결정했다. 동네 서점은 편해야 한다는 것이 주인의 생각이다. 아이부터 노인까지 누구나 쉽게 볼 수 있으려면 책도 쉬워야 했다. 거기에 재미까지 더하면 금상첨화. 작은 서점의 한쪽 벽면은 책으로 가득하고 반대편 벽에는 작품을 걸어두었다. 2주에 한 번씩 작품을 바꿔가며 작가들에게 자리를 내어준다. 주인의 바람대로 누구나 찾아와서 쉬었다 가는 동네 도서관으로 자리를 지키고 있다. 사람이 많다고 수익과 직결되는 것은 아니지만.

**주소** 서울시 마포구 성미산로 194-11 **전화** 070-4025-9186
**홈페이지** blog.naver.com/pinokiobooks **트위터** @pinokiobookshop

지, 컬러인지도 확인해야 하고 글자 수가 얼마나 되며 어느 연령대가 읽으면 좋은지도 알아야 해요."

책방 주인은 블로그를 운영한다. 비닐 포장에 대한 생각이 그렇다 한들, 현 출판 유통시장의 모든 경우를 바꿀 수는 없는 노릇이다. 차선책으로 마련한 공간이 바로 블로그다. 피노키오의 블로그는 매우 체계적이며 친절하다. 매번 들여오는 책에 대한 객관적인 정보와 함께 주인의 사적인 감상을 적어놓았다. 거기에, 펼쳐보지 않으면 알 수 없을 책 속 내용도 그림이나 사진으로 보여주고 있다. 주문을 할지 안 할지 고민되는 책이 있을 때도 여과 없이 블로그에 게재해 독자들의 생각을 묻는다.

주인이 생각하는 동네 책방의 기본은 소통이다. 인터넷 공간도 중요하지만, 무엇보다 동네 서점은 매장이 있는 그 자리에서 더 많은 교류가 있어야 한다는 것이 주인의 지론이다. 서점의 실제 크기는 작지만 이곳저곳 살펴보면 매우 넓다는 느낌이 든다. 그림책이라는 한 가지의 전문 분야임에도 어느 구석 하나 지루함이 없다. 그 이유의 중심에는 사람과 사람 사이를 중시하는 성향이 있다. 그림책은 그 사이를 메워주는 가교역할인 셈이다. 책방 주인은 한시도 자리에 앉아 있지 않는다. 들어오는 모든 이에게, 구입하지 않고 그저 구경만을 위해 온 사람에게도, 꼼꼼하게 설명해준다.

책이 진열된 책장 맞은편은 전시 공간이다. 국내외를 막론하고 전시를 원하는 작가들에게 자리를 내어준다. 2주에 한 번씩 바뀌는 이 전시물들은 작가에게도, 독자에게도, 그리고 책방주인에게도 서로를 조금 더 깊고 진지하게 바라볼 수 있는 장소다. 한참을 머물며 바라본 끝에, 주인의 성향과 책의 종류가 정말이지 딱 어울리는 책방이라는 생각이 들었다.

# 그림 같은 남자

여념이 없다. 이 남자. 그림책을 자랑하는 삼매경에 빠졌다. 설명은 꼬리에 꼬리를 물고 이어졌다.

"또 여기에도 있어요. 이 책도 정말 좋아요. 이건 제가 정말 사랑하는 책이에요."

그의 설명에 따라 작은 공간을 이리저리 움직이다 보니 세상의 모든 그림책을 훑어본 듯한 기분이었다. 그림책이라고는 〈어린 왕자〉밖에 없는 나에게 그림책에 대한 소유 욕구가 폭풍처럼 몰아쳤다.

"그런데 이 책은 이러저러한 점을 고민해보셔야 해요. 그래도 꼭 필요한지 좀 더 생각해보고 결정하셔도 늦지 않아요."

어느 손님이 책에 대해 묻자 주인은 친절하게 설명한 후 덧붙였다. 정말 필요한지 생각해보고 사라고? 과연 장사꾼이 할 소리인가? 정직한 판매를 위해 가장 기본인 것은 진실을 밝히는 것이다. 잠시 고민하던 손님은 책을 구입했다. 책방 아저씨가 설명한 단점도 분명 고려했을 것이다. 그런 선택에 대해서는 후회할 일도 없을 테고, 원망하지도 않을 것이다.

얼마나 지났을까. 나는 서점의 그림책을 구경하고 주인은 손님들에게 그림책을 소개하느라 바빴다. 그러다 옆 가게의 주인으로 보이는 여자가 골목을 쓸면서 책방 앞까지 청소했다. 그는 재빨리 나가 정리를 도왔다. 대화를 나누며 함께 골목을 치우는 모습이 따스하게 빛났다. 우리 집 아파트 현관 앞을 청소해주는 아주머니에게 그 흔한 음료도 건넨 적 없다는 것이 떠올랐다. 함께 사는 것, 문 앞에서부터 시작해야겠다. 그림처럼 순수하게 말이다.

# 그 마켓에 그 물건

## 피 노 키 오

국내 작가의 책은 물론, 외국 서적까지 다양하다. 영미권뿐만 아니라 스페인, 독일, 프랑스, 이란, 일본 등 독특하고 유익한 책이라면 일단 낙점이다.

몇 해 전 썼던 어느 글에 이런 말이 있었다.
'어느 특정 계급만 할 수 있다고 생각한 예술이 이제 땅으로 내려왔다.'
지금까지 예술가, 작가라는 단어에 얼마나 많은 경외를 표했던가.
얼마나 강한 믿음을 전했던가.
그 경계가 모호해진 지금, 나는 다시 묻고 싶어졌다.
무엇이 예술이고, 또 우리는 정말 그곳에 갈 수 있는지에 대해.
내가 믿었던 그곳이 과연 있긴 한 것인지.
어쩌면 답을 찾을 수 있을지도 모른다.

예술 관련 책만 있을 줄 알았는데 독립출판 서점에서 봤던 출판물도 적지 않게 눈에 띄었다. 책의 선별은 상당히 주관적이라고 주인은 설명했다. 더북소사이어티가 처음부터 예술 관련 서적이 주를 이루었던 것도, 주인이 예술 분야의 업무를 하며 관심이 그곳으로 향했기 때문이었다. 해를 넘겨 서점을 운영하면서 다양한 책을 접할 기회가 많아졌다. 일반 대형서점처럼 완전히 대중적일 수는 없지만 취향에 맞는 책을 들여놓다 보니 독립 출판사의 책들도 들이게 되었다. 이 서점에서 취할 수 있는 나름의 균형이었다.

더북소사이어티의 시작은 자신들의 매체를 가지고 자신들이 원하는 콘텐츠를 만들고 싶은 마음에서였다. 책으로 관계되는 하나의 문화를 만들고 싶어서 미디어버스라는 이름으로 출판도 시작했다. 처음 출간된 책은 독특한 형태를 지니고 있었다. 주인

---

**— 동네 자하문로10길(통의동)**

서촌 골목 투어에서 빠질 수 없는 길, 자하문로 10길이다. 오랜 시간 주민들의 사랑을 받고 있는 동네 식당이 터줏대감으로 있고, 근래에 갤러리 카페, 북카페, 스터디 카페가 들어섰다. 사랑방을 자처하는 술집과 어느 정도 나이가 있어야 알아차릴 수 있는 오래된 치킨집도 있다. 위탁 전문 서점과 더북소사이어티가 마주 보고 있으며 디자인 회사들이 자리한다. 서촌 골목에서 가장 조용해 보이지만, 자신만의 개성으로 무장한 가게들이 사람들을 불러 모으고 있다. 더북소사이어티의 주인은 이 동네에 있는 이들에게서 묘한 아우라를 느낀다고 말했다. 예술적 기질을 가지고 있는 사람들의 그것 말이다.

**지하철** 3호선 경복궁역

**— 마켓 더북소사이어티 The Book Society**

멋모르고 용기와 열정 하나만으로 뭉친 사람들이 모여 마련한 첫 번째 공간은, 2년의 계약 기간이 끝나자마자 건물주가 월세를 100퍼센트 올렸다. 다행히 오래 머물고픈 장소를 발견하고 동네를 찾았다. 월세는 조금 비쌌지만, 디자이너와 공간을 공유하는 것으로 해결점을 찾았다. 그들과의 교류가 늘 필요하기 때문이다. 주변에 있는 사람들의 취향도 기대감을 높여주었다. 간판을 내걸지 말아달라는 건물주의 요구에 따라 예전의 멋진 간판은 걸지 못했지만, 사람들은 간판 없이도 여전히 잘 찾아오고 있다.

**주소** 서울시 종로구 자하문로10길 22 **전화** 070-8621-5676
**홈페이지** www.thebooksociety.org **페이스북** facebook.com/The-Book-Society **트위터** @TheBookSociety

은 지인을 통해 첫 번째 독립 출판물을 서점에 납품하고 진열된 책을 보았을 때 느낀 감동의 순간을 잊지 않았다. 시간이 지나면서 공간이 필요했고 그 공간을 기반으로 박차를 가할 수 있었다. 새로운 문화에 대한 고민과 연구는 계속되었다.

당시만 해도 각자의 직업이 있었지만, 그 공간에서 생계와 무관하게 하나의 놀이와도 같은 시간을 함께 했다. 그것을 위해 사용하는 돈도 아깝지 않을 정도였다. 초창기의 활동은 그래서 더 활발했다. 그 작은 공간에서 사람들을 불러 모아 워크숍을 진행하고, 다큐멘터리 영상을 함께 보고 토론도 나눴다. 전시와 공연도 진행하고 많은 작가를 초청해 대화하는 시간도 가졌다. 즐거운 놀이는 얼마 지나지 않아 삶의 중심이 되었다. 여전히 투잡, 스리잡까지 불사하며 생활비를 충당하고 있지만, 2013년 가을 새롭게 잡은 터는 두 주인의 보금자리가 되었다.

나는 작품집보다 예술이론 서적을 선호한다. 작품집의 존재는 중요하지만 사실 피부에 와닿지는 않았다. 주인의 말처럼 주관적인 시선과 경험에 의한 선택이다. 무언가를 수집하는 것에 조금 인색한 생활습관 때문이기도 하다. 하지만 궁금했다. 작가들의 작품도 아닌 작품집이 소비되는 이유를 알고 싶었다.

"수집의 개념으로 생각하셔도 돼요. 더 쉽게 예를 들자면 영화를 모으는 것에 비할 수 있을 거예요. 그런데 그 영화들을 매일 보는 건 아니잖아요. 좋아하는 영화를 어느 날 다시 봤을 때 또 다른 감동에 휩싸이죠. 그 안에서 다시 발견하게 되는 것도 있고요. 작품집도 그래요. 가격이 꽤 높은 책들도 있어요. 하지만 책을 구입하는 사람들이 꼭 여유롭지는 않아요. 어떤 손님은 무리를 해서라도 구입하죠. 왜냐하면 책장에 꽂혀 있는 것만으로도 행복해지니까요."

알 듯 말 듯한 기분이 들었다. 내가 좋아하는 어떤 것에 대한 소유욕, 같은 물건이 아니라 다 이해할 수 없는 걸까.

"시장의 논리가 아닌 개인의 의지로 선택되는 별미라고 할까요."

서점에 놀러 온 지인이 나와 주인의 이야기를 듣다 생각난 듯 말했다. 아, 광고를 통해 무의식적으로 강요된 물건을 구입하는 허망함이 아닌, 온 마음을 다해 정말 갖고 싶은 것을 얻었을 때의 그 희열을 말하는 거구나, 이해하게 되었다.

# 기획하는 여자,
# 표현하는 남자

두 명의 대표는 각자 다른 직업을 가지고 있었다. 하지만 분야는 예술이었다. 과거형을 쓰지 않아도 되고, 둘의 일을 분리하는 것도 필요하지 않다. 여전히 그들은 기획하고 표현하며 원하는 책을 만들어 내고 있다. 작은 서점을 운영하지만 각자 하고 있는 일은 셀 수 없다. 그들이 하는 일은 모두 통해 있으니 사실 하나의 직업으로 귀결된다고 말할 수도 있다. 책 있는 공간에서 책 만드는 사람, 그것을 위해 사는 사람. 책이 가지고 있는 성질은 비단 그 내용만이 전부는 아니다. 주인은 어느 반들거리는 책 하나를 건넸다.

"이런 책의 물성은 만지지 않으면 결코 알 수 없죠."

아니나 다를까, 단단한 듯 번쩍거리는 책은 신문지보다 가벼운 무게에 야들야들하게 말리기까지 했다. 그렇게 손으로 감촉을 느끼며 펼쳐 드니 그 안의 작품들에 대한 기분도 달라졌다. 사진을 인화할 때 작가들은 어떤 인화지를 사용할 것인지 무척 많이 고민한다. 종이의 질감에 따라 보여지는 이미지 역시 느낌이 달라지기 때문이다. 화가들 역시 마찬가지다. 일반 책도 감촉에 따라 구매를 결정하고는 하는데, 작품집에 쓰이는 종이와 그 성질을 확인하는 것은 당연한 일이었다. 어쩌면 더 중요할지도 모른다.

"분명 질적 향상이 있어요. 문제는 수준이 아니라, 소비가 없다는 것에 있죠."

독립출판이 많아지고 있는 것에 대해 물었다. 2007년 미디어버스라는 이름으로 독립출판을 시작한 세대이니 요즘 늘어나고 있는 출판물에 대한 생각을 듣고 싶었다. 만드는 사람들도 읽는 이들도 모두 수준은 높아지고 있다고 말했다. 하기야 인터넷으로 세상 모든 곳의 정보를 얻을 수 있고, 누구나 원한다면 만들기도 하고 구입할 수 있는 세상이 되었으니, 경쟁과 발전이 맞물려 보다 나은 것 혹은 새로운 것에 대한 욕구도 높아졌을 테다. 이처럼 책을 접할 수 있는 기회가 늘어났지만 공급되는 물량에 비하면 판매는 그리 높지 않은 것이 문제라면 문제다.

# 그 마켓에 그 물건

## 더 북 소 사 이 어 티

처음 그대로 예술 전문 서점이다. 공간이 넓어지고 책의 종류도 다양해져 독립출판물과 간행물을 들여놓았지만, 그래도 주 종목은 아트다. 주인장들의 역사와 현재, 미래의 시선이 있는 서적 〈공공도큐멘트 1·2·3〉, 레지던시 생활 6년의 기록, 김지은 〈소라게 살이〉, 스위스에서 출간된 책 중 아름다운 책을 선별해 묶은 시리즈 북 〈스위스 아름다운 책〉, 수년간 잡지에서 발췌한 이미지를 엮은 책, 〈로마퍼블리틱〉, 난독증 환자를 위한 글씨 디자인의 다양한 시도.
안양에 본거지를 두고 있는 정직한 상점의 물건들도 매장 안쪽에 마련해 두었다. 포트폴리오용 가방, 엽서와 미니 북 등의 문구류도 판매한다.

# 서울시
# 종로구
# 통일로 150-1

## –레드북스

사버렸다. 〈그의 슬픔과 기쁨〉이라는 책을.
대학 시절 교지편집실에서 사진과 레닌을 만나고
세상에 잠시 발을 담그는 실수를 저질렀다.
책 만드는 재미, 사진 찍는 행복에 명분을 두고 참으며 지냈던 것도 2년을 넘지 못했다.
어느 해 5월 1일, 광화문 한복판에서 등 돌리고 집으로 돌아와서
다시는 세상에 눈뜨지 않으리라 다짐해버렸다.
레드북스에 찾아가기 전부터 두근거렸다. 두려웠다.
피가 붉다는 것을 눈으로 보고 싶지 않았다.
'나는 아무것도 몰라요' 하는 표정으로 주인과 책방지기의 설명을 들었다.
하지만 빠르게 휘몰아치는 피의 질주는 쉽게 멈추지 않았다.
덤덤한 척 온힘을 다했지만, 책을 들고 말았다.
건물 흡연실에 있는 감나무 때문일지도 모른다.

여유로운 듯 느릿한 행동과 표정으로 주인은 나를 맞았다. 월간지 〈작은책〉을 건네며 공동대표가 작성한 레드북스에 관한 글이 있다는 설명을 했다. 제목은 레드북스 생존기였다. 생존. 레드북스라는 동네 서점이 살기 위해 치열한 싸움을 하고 있다는 것이 그 한 단어에 콕 박혔다. 레드북스는 두 명의 공동대표가 10년만 버텨보자며 시작한 서점이다. 처음부터 버티는 것을 목표에 둘 수밖에 없는 현실, 우리 시대의 서점과 출판업이 안고 있는 문제다.

먼저 내가 책을 사는 이유에 대해 조금 설명해야겠다. 책을 사는 이유는 생각보다 단순하다. 베스트셀러라서도 아니고, 아는 사람이 쓴 책이라서도 아니다. 제목이 좋고 손으로 만졌을 때의 감촉이 좋고 머리말이 좋거나 목차가 좋으면 그만이다. 그러다 보니 가격은 상관없다. 할인을 받으면 좋겠지만, 할인을 염두에 두면 운명 같은 책을 만날 수 있는 경우의 수가 적어진다. 집에서 인터넷으로 책을 사는 것도 불편하다. 책

— **동네 통일로**(교남동)

시사IN, 초록당사람들, 참교육학부모회, 에너지기후정책연구소, 현장노동자회, 인권연구소창, 아랫마을, 노숙인인권공동실천단, 용산참사진상규명위, 기사연빌딩, 한백교회, 민주노총서울본부, 한국노동사회연구소, 선교교육원, 진보네트워크센터, 환경재단, 금속노조, 사무금융연맹, 에너지노동사회네트워크, 세상을 두드리는 사람, 에너지시민연대 등은 레드북스가 있는 도로 주변의 단체들이다. 설명은 더 필요하지 않으리라. 세상을 위해, 모두를 위해 치열하게 고민하고 행동하는 사람들이 많이 모인 동네. 표면적으로든, 진심으로든.

— **마켓 레드북스** Red Books

대학 시절부터 연을 맺은 두 명의 주인이 작정하고 만든 인문사회 전문 서점이다. 모든 것은 잘 짜인 퍼즐처럼 공간에 맞춰졌다. 사회운동 사무실과 연구실이 많은 서대문로를 선택한 것도, 후원자를 모아 인문사회 문화운동을 꾀한 것도, 지인들의 집을 습격해 얻어낸 헌책들과 거래를 튼 새 책들로 구성한 것도, 사람들이 모여 세미나를 열고 공간을 나눌 수 있게 한 것도, 그래서 커피 등 음료를 가져다 놓고 음악을 트는 것도 그렇다. 그리고 책은 손으로 직접 만져보고 책장을 넘겨봐야 하는 것이라는 뜻도 포함된다. 책 종류는 바뀌고 커피 메뉴도 추가되었지만, 다행히 아직 잘, 버텨가고 있다.

**주소** 서울시 종로구 통일로 150–1 **전화** 070–4156–4600 **홈페이지** redbooks.co.kr

은 만져봐야 하고 들어봐야 하기 때문이다.

굳이 나의 사적인 경험을 꺼내는 이유는, 주인이 서점과 출판업계의 현실을 얘기하다 도서정가제에 대해 언급했기 때문이다. 지난 4월 말, 도서정가제 개정안이 국회를 통과했다. 그전에 나는 주인을 만났다. 그는 동네 책방의 어려움에 도움이 될 만한 것으로 도서정가제, 완전정가제가 필요하다고 말했다. 깊은 고민을 거친 적절한 할인율을 책정하면, 사람들이 다시 서점을 찾을 것이라는 희망을 보였다.

"인터넷에서는 관심 분야의 다른 책을 함께 보는 것이 익숙하지 않죠. 하지만 오프라인 서점에서는 같은 분야의 책들을 바로 펼쳐볼 수 있어요. 또, 우리는 편의를 높이기 위해 출판사별로 분류를 해두었죠. 사람도 마찬가지예요. 집에서 책을 받아 혼자 읽고 생각하고 정리하기보다 이런 공간에서 함께 모여 서로의 의견과 정보를 나누고 공유하는 것이 필요하죠. 부산이나 대구에 사는 분들이 우리의 후원자가 되어주는 것도 그런 공간의 중요성을 알기 때문입니다."

레드북스를 후원하는 사람은 200여 명에 달한다. 회원 할인이나 이벤트 등을 제공

하지만 지방에 있는 사람이 서울에 있는 동네 서점에서 혜택을 받기 위해 후원하는 것은 아니다. 주인의 말대로 레드북스가 생존하기를 바라는 마음 때문일 테다. 커피와 책이 있는 북카페지만 깊이는 그 이상이다. 나는 주인에게 인문사회 분야라서 솔직히 조금 긴장했다고 털어놓았다.

"자신의 생각과 다르다고 배척할 필요는 없죠. 시야를 좁게 만드는 것뿐이에요."

아주 잘 알고 있다. 실천하는 것이 쉽지 않을 뿐이다. 불로 달려드는 나방도 있고, 꽃으로 날아드는 나비도 있다. 그런데 나방은 왠지 더러운 곳을, 나비는 항상 산뜻한 풀밭만 날아다녔을 것 같다는 편견이 무서운 거다. 나방을 보면 '악~' 소리를 치고, 나비는 '와~' 하는 감탄을 하니 말이다.

# 물을 주는 남자들

서점 주인 말고 다른 직업이 있냐고 물었다. 서점 운영만으로 생계를 유지하는 일은 쉽지 않으므로 좋아하는 일을 하면서 다른 일을 하는 경우도 흔하다.

"10년을 목표로 시작해서 3년 반 정도 지났는데 이제 손익분기점이 좀 맞춰지는 것 같아요. 이곳을 유지하는 것이 목표이긴 하지만 생활비는 필요하죠. 건너편에 사회과학연구소에서 일하기도 해요. 책방에 매일 나오지 못해서 저기 있는 책방지기가 구시렁거려요."

기분 좋게 웃어넘기는 주인장은 연구원이기도 하고 간간이 기고와 강의를 하고 〈국가를 되찾다〉를 번역하고 〈탈핵〉의 공동 저자이기도 하다. 책은 전문 분야인 인문사회과학 분야다. 쳇. 소리는 냈어도 엷은 미소만큼은 여전한 책방지기 역시 책을 썼다. 그들은 자신의 분야 곳곳에 물을 주고 있었다. 누가 감나무가 되어 받아먹을 수 있을까? 이쯤 되면 도대체 감나무가 뭐기에 계속 읊어대나 싶을 테다.

"원래 흙만 있는 빈 화분이었어요. 그런데 누군가가 감씨를 버린 거예요. 호기심 반으로 물을 주기 시작했는데 나무가 되어가고 있어요. 재미있죠?"

일부러 씨앗을 심어도 싹이 올라오다 죽기 일쑤인 우리 집 화분이 떠올랐다. 신기하고 재미있는 현상이었다.

"이 화분조차 인문사회적이네요."

내가 책을 고르고 계산하자 책방지기는 자신의 독서법을 넌지시 알려주었다. 책에 나온 사람들의 이름을 표시해가며 읽어야 이해하기 쉽다는 설명이었다. 그 짧은 말에 나는 한 치의 의심 없이 확신할 수 있었다. 그는 직접 읽은 책들을 지키는 사람이었다. 손 뻗으면 닿을 거리에 감나무를 키우면서.

# 그 마켓에 그 물건

### 레 드 북 스

매장 입구에서 선을 그어 한쪽은 새 책, 맞은편엔 헌책을 비치했다. 탈핵 관련 책들을 모아 입구 바로 앞에 '탈핵 도서전'을 진행하고 있다. 더 많은 종류의 책이 나와야 한다는 주인의 말을 생각해보면 오랫동안 자리를 차지하고 있을 것이다. 〈핵충이 나타났다〉와 같은 관련 그림책도 있다. 〈서울의 시간을 그리다〉는 오프라인 서점이 아니라면 발견하기 힘든 책이라고 주인은 힘주어 말했다. 그리고 중고책 〈오래된 미래〉는 초판본과 판권이 바뀌어서 나온 책까지 총 세 권을 모두 가지고 있다며 자랑했다.
〈밀양을 살다〉는 15분 인터뷰로 이어진 다큐멘터리다.
〈노동과 독점자본〉은 많이 팔리지 않을 거란 생각에 출판사가 더 이상 만들지 않는 절판된 책이다.
〈당신은 어느 편이죠?〉 책방지기의 어머니 김하경 작가의 번역서.
〈어머니〉 사회주의 리얼리즘 소설.
〈껍데기를 벗고서〉 1990년대 초 선배들은 후배에게 이 책을 읽고 껍데기를 벗으라고 말했다. 그리고 1990년대 말 〈오래된 습관 복잡한 반성〉 선배들은 후배에게 "껍데기 벗었다고 다가 아니다. 이 책을 또 읽어라"라고 했다.
"생각 못했는데 이렇게 나란히 꽂혀 있는 걸 보니 재미있네요." 주인은 껄껄 웃었다.

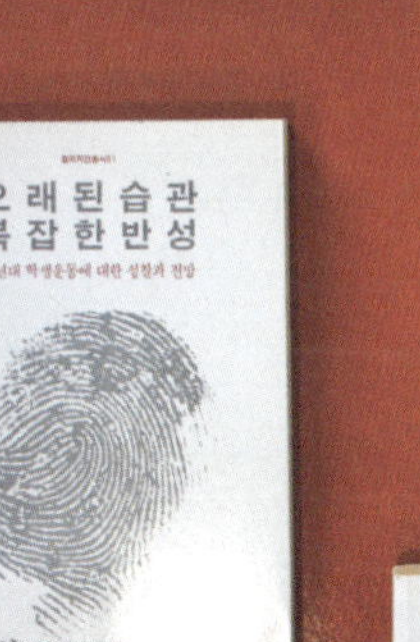

# 오픈! 마켓

**PART 5** open! market

# –계단장

현대를 사는 사람들이 자신의 공간을 타인과 공유하는 것은
출퇴근 시간에만 이루어진다.
어깨를 마주하고 앞사람의 정수리 냄새가 느껴질 만큼 가까운
나와 모르는 당신과의 시간, 별로 유쾌하지 않다.
어쩔 수 없이 감수할 수밖에 없는 곤욕스러운 시간이다.
누구나 자신의 몸에서부터 어느 정도 공간을 확보하기를 바란다.
그래서 자동차를 소유하는 사람이 늘어가는 것일 수도 있다.
길을 걸을 때도 누군가와 부딪히기 전에 손을 뻗어
자신의 공간에 들어오는 것을 막아내기 위해 애쓴다.
그런 요즘, 보이지 않는 벽을 허물고 서로의 공간을 휘젓고 다녀도 된다는
무언의 허락이 흐르는 좁은 장터가 있다.
이곳에서만큼은 나는 당신에게, 당신은 나에게 말할 수 있다.
"들어와! 어서!"

계단의
치명적인 매력 | 우사단길의 계단장은 매달 마지막 주 토요일에 개최한다. 눈이 오는 겨울에는 잠시 쉬지만 특별한 일이 없는 한 비가 와도 바람이 불어도 장이 선다. 계단장의 역할은 무엇보다 동네 시장 활성화다. 물론 한 달에 한 번뿐인 장터지만 계단장으로 인해 더 많은 특이 인류들이 이곳으로 발걸음을 한다. 계단장 부근, 이슬람사원 앞 우사단로10길에 들어선 가게들은 가게 자체만으로 상업 활동을 하는 곳은 아니다. 흘러들어온 이유도 제각각으로 영업 시간도 각양각색이다. 주인의 작업실인 경우가 많고, 이곳 사람들이 좋아서 밤의 아지트를 자처하는 곳도 여럿이다. 그렇다 보니 평소에는 아예 문을 열어두지 않는 곳도 허다하다. 우사단단은 그래서 결속되었다. 이왕지사 가겟세를 내며 주민으로 혹은 이방인으로서 자리를 지키게 되었으니, 동네 발전에도 이바지해야겠다는 목표를 두었다. 그 사업의 일환으로 한 달에 한 번, 계단장을 개최하게 된 것이다.

— 동네 **우사단로10길**(이태원동)

이태원은 다양성이 일반적인 세상이다. 서로 다른 사람들이 모여 함께 사는 동네다. 사람은 누구나 다르고 자신만의 세상을 살고 있다. 그래도 나와 비슷한 뭔가가 있다고 믿으며 주변과 관계를 유지해 나간다. 이태원의 사람들은 다양성을 일반적으로 생각한다. 이태원역을 중심으로는 번화한 유흥가가 밀집해 있다. 하지만 술 먹고 놀 수 있는 공간이라고만 생각하면 오산이다. 다양성이 자연스러운 곳인 만큼 다양한 인종, 문화, 생각이 어우러져 있다.
이태원119센터 옆길에서부터 우사단로가 시작된다. 그 안쪽으로 더 들어가면 이태원 계단장이 열리는 우사단로10길에 들어설 수 있다. 이슬람사원 부근에는 다소 낯선 중동 문화를 느낄 수 있는 가게도 많다. 계단장이 처음 개최되기 전에도 알음알음 사람들이 찾아오고는 했다. 이제는 사원 앞에서부터 전통 시장인 도깨비 시장을 지나 이제 막 문을 연 슈퍼마켓이라는 동네 카페까지, 들어가보고 머물고 싶지만 항상 열려 있는 곳이 아닌 독특한 정신세계를 지닌 다양한 가게가 자리를 지키고 있다. 우리는 그곳을 우사단로10길이라 부른다.

**지하철** 6호선 이태원역

— 마켓 **계단장**

**주소** 서울시 용산구 우사단로10길 **장날** 매월 마지막 주 토요일(3월~10월) **페이스북** facebook.com/wosadan

우리에게는 5일장이라는 전통 시장이 있다. 지금이야 문만 나서면 어디서고 물건을 살 수 있지만, 그 옛날에는 5일에 한 번 들어서는 장에서나 생필품과 먹거리를 살 수 있었다. 소비자만 그랬던 것은 아니다. 동네 주민들 역시 손바닥만 한 텃밭에서 직접 키운 농산물을 장터로 들고 나와 소소한 용돈벌이를 했다. 어느 정도는 쌈짓돈으로 남겨놓았지만 일정 부분은 그 장터에서 물건을 사는 데 사용되었다.

이태원 계단장에서 나는 전통적인 5일장의 풍경과 마주했다. 30미터 길이의 계단에 서만 장이 서고 끝나는 것이 아니다. 장이 서는 그날은 동네 주민도 더 많이 장사할 수 있고 다양한 소비가 이루어지는 구조가 형성되어 있다. 다른 동네에서 마실 나온 사람들도 계단장이 열리는 그날만큼은 문이 잠겨 있던 가게를 방문할 수 있다. 계단 장의 풍경이 조금은 낯설다. 젊은 기운으로 새롭게 선보이기 시작한 장터 역시 노지 에서 진행되는 경우가 많았다.

하지만 얼마 지나지 않아 그들은 좌판을 깔았다. 방문객과 판매자의 편의성도 높이 고 물건도 보호하는 등 장점이 많았기 때문이다. 하지만 계단 위에서는 좌판을 깔 수 없다. 소비자는 물건을 보기 위해 몸을 낮춰야만 한다. 판매자는 물건을 건네기 위해 고개를 들어야 한다. 벽면으로는 판매자들이 자리를 지키기 때문에 계단의 통로는 더 좁아진다. 모여드는 사람이 많으니 자연스레 지하철 2호선 신도림역의 출근 시간

과 같은 걸음으로 계단을 지나야만 한다.

내려갈 때는 앞사람의 머리 향기를, 올라갈 때는 자칫 엉덩이와의 스킨십을 피할 도리가 없다. 생각만으로는 살짝 인상을 찌푸릴 만한 그림이지만, 어느 누구도 짜증을 내거나 두 팔을 휘적거리지 않는다. 판매자에게도 좋은 현상이다. 앞사람이 걸음을 옮기지 않는 한 꼼짝없이 그 자리에서 얼음이 되기 때문이다. 판매자와 눈이 마주치면 "이건 뭐예요?" 묻게 되는 것은 당연한 순서. 물건을 집고 지갑을 열게 되니, 자연히 가방은 불룩해질 수밖에 없다. 그런데 기분 나쁜 구매는 아니다. 대체로 가격이 착하고, 손수 만든 것들이고, 잠시 동안 상대와 친절한 미소를 주고받기 때문이다.

이태원 계단장의 하이라이트는 소비자 스스로가 찾아야 한다. 계단장에서 갖가지 특이한 물건을 실컷 보고 나서 그냥 집으로 돌아가면, 계단장을 반만 본 것이라 할 수 있다. 우사단로10길을 걸어 그 끝을 지나 한강이 내려다보이는 서울 속 시골 풍경을 놓치면 안 된다. 자꾸만 강조해도 부족하지 않은 것은 진짜 장이 서는 날만 문을 여는 가게가 있다는 말씀이다! 젊은 장터와 전통 시장을 이렇게 비교해보고 체험해 볼 수 있는 기회도 흔치 않다. 계단장과 우사단로10길을 걸으며 애인한테 줄 물건은 가방 속에 소중히 간직하고, 도깨비 시장에서는 저녁 찬거리를 비닐봉지에 담아가는 것도 꽤나 신선한 놀음일 테다. 뭐 어려운가? 들어오라는데, 들어가면 되지!

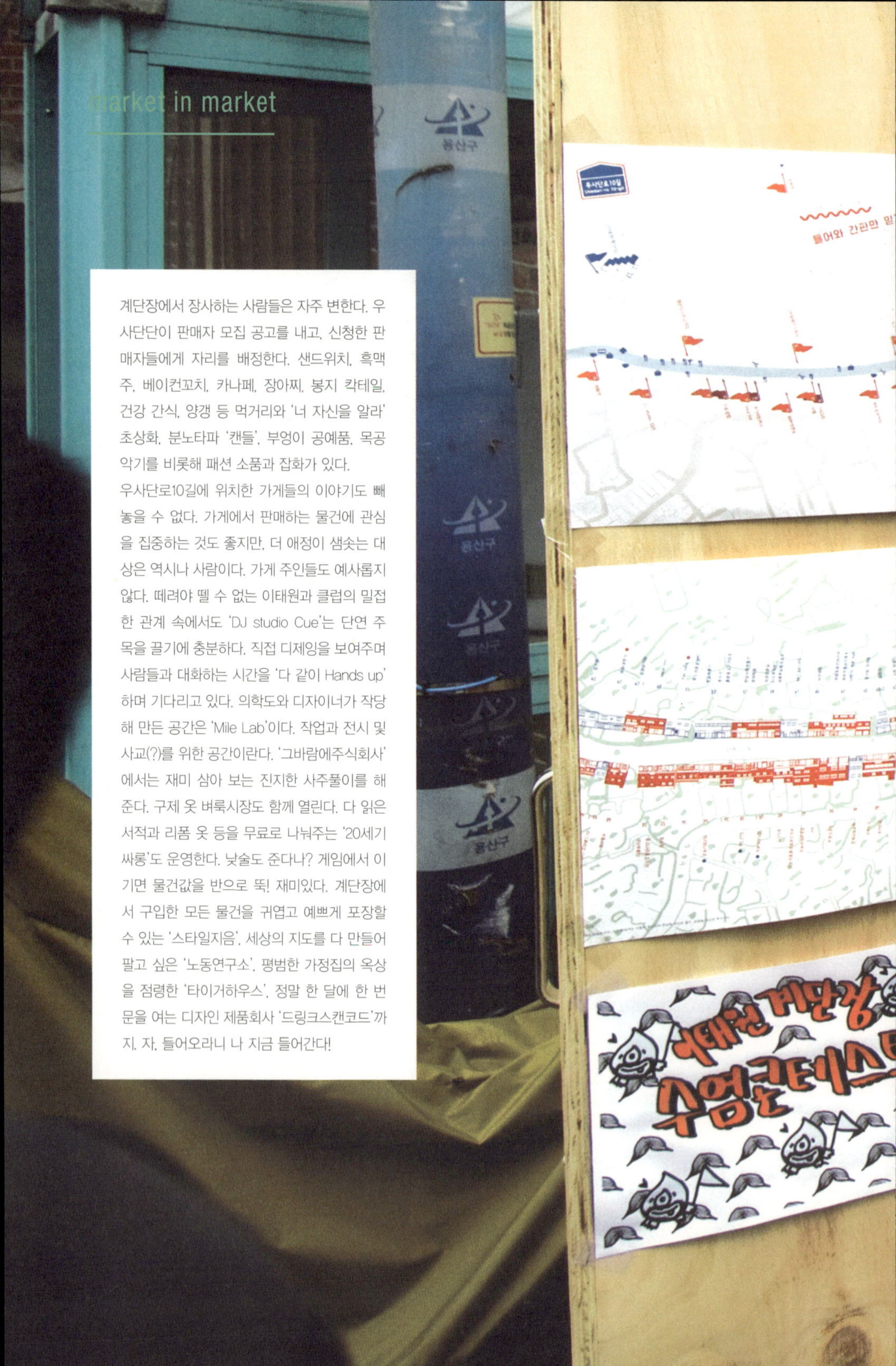

계단장에서 장사하는 사람들은 자주 변한다. 우사단단이 판매자 모집 공고를 내고, 신청한 판매자들에게 자리를 배정한다. 샌드위치, 흑맥주, 베이컨꼬치, 카나페, 장아찌, 봉지 칵테일, 건강 간식, 양갱 등 먹거리와 '너 자신을 알라' 초상화, 분노타파 '캔들', 부엉이 공예품, 목공 악기를 비롯해 패션 소품과 잡화가 있다.

우사단로10길에 위치한 가게들의 이야기도 빼놓을 수 없다. 가게에서 판매하는 물건에 관심을 집중하는 것도 좋지만, 더 애정이 샘솟는 대상은 역시나 사람이다. 가게 주인들도 예사롭지 않다. 떼려야 뗄 수 없는 이태원과 클럽의 밀접한 관계 속에서도 'DJ studio Cue'는 단연 주목을 끌기에 충분하다. 직접 디제잉을 보여주며 사람들과 대화하는 시간을 '다 같이 Hands up' 하며 기다리고 있다. 의학도와 디자이너가 작당해 만든 공간은 'Mile Lab'이다. 작업과 전시 및 사교(?)를 위한 공간이란다. '그바람에주식회사'에서는 재미 삼아 보는 진지한 사주풀이를 해준다. 구제 옷 벼룩시장도 함께 열린다. 다 읽은 서적과 리폼 옷 등을 무료로 나눠주는 '20세기 싸롱'도 운영한다. 낮술도 준다나? 게임에서 이기면 물건값을 반으로 뚝! 재미있다. 계단장에서 구입한 모든 물건을 귀엽고 예쁘게 포장할 수 있는 '스타일지음', 세상의 지도를 다 만들어 팔고 싶은 '노동연구소', 평범한 가정집의 옥상을 점령한 '타이거하우스', 정말 한 달에 한 번 문을 여는 디자인 제품회사 '드링크스캔코드'까지. 자, 들어오라니 나 지금 들어간다!

안 내 소
오세요!
오프닝 놓치면 후회할지도 몰라!
이태원 계단길
수영쿨테스트

서울시
종로구
대학로8길 1
마로니에 공원

– 마르쉐@

현실 가능을 기약할 수 없는 희망 사항 중 하나가 텃밭이다.
작은 텃밭에 내 손으로 씨앗을 뿌려 키우고 거두고,
그것을 상에 올리고, 동네 주민과 나누어 먹는 그런 노후를 꿈꾼다.
노력한 만큼의 결과를 받고 애쓴 동안의 노고를 기억하며
얻은 것들에 감사할 수 있는 삶.
생각만으로도 가슴은 벅차올라 쉬이 수그러들지 않는다.
단순히 막연한 꿈이라 생각했건만 여기,
나보다도 어려 보이는 사람들은 이것저것 따지지 않고 그 꿈속을 살아가고 있다.
꿈에만 그리던 온 세상을 다 가진 듯한 표정을 하고서,
자신들의 손에서 나온 그것들로 사람들의 입과 눈과 귀에 향기를 불어넣고 있다.

## 도시형 장터의 모범 답안

개인적인 꿈이 그러하다 보니 심심하면 인터넷으로 찾아 보는 것이 주말 텃밭이다. 몇 해 동안 들여다보고만 있는 것을 보면 현실적으로 진짜 시작할 수 있을지 의문이다. 그래도 생각난 듯이 다시 뒤적거린다. 그렇게 인터넷 검색을 하다 보면 마르쉐 정도는 자연히 알게 된다.

마르쉐는 농부와 요리사가 함께 만드는 도시형 장터를 슬로건으로 내세운다. 첫 번째 장은 2012년 10월 13일에 열렸다. 장소는 지금과 마찬가지인 대학로 광장이다. 여성환경연대와 패션지 〈마리끌레르〉, 아르코미술관이 공동 주최하고 마르쉐 친구들이 주관하고 있으며, 아비노코리아의 후원을 받고 있다. 또한 많은 자원봉사자와 기부로 장이 운영된다. 마르쉐는 프랑스어로 장터라는 뜻이다. @는 장소를 말할 때 쓰는 at을 의미한다. 각 도시, 그 안의 동네마다 파머스 마켓인 마르쉐가 열리기를 바라는 마음이 묻어 있다. 정기적인 장터는 @혜화동, 비정기적으로 @서울 곳곳에서 진행된다. 홈페이지에 그달에 참여하는 마켓들의 정보를 먼저 공개한다.

도시형 장터가 도대체 뭘까? 도시에서 펼쳐지는 장이면 다 도시형 장터가 아닐까?

— **동네 대학로8길(동숭동)**

마르쉐가 열리는 광장은 마로니에 공원으로, 일명 대학로거리 중앙에 위치한다. 대학로라는 이름으로 불리게 된 것은 주변에 학교가 많기 때문이다. 예전에 이곳에는 서울대학교 물리대와 법과대가 있었고 현재는 서울대학교 연건캠퍼스와 간호대학, 병원이 있다. 공원에서 멀지 않은 곳에 가톨릭대, 한성대, 성균관대, 성신여대, 고려대가 자리한다. 근래는 조금 변질된 부분이 없지 않지만 오래전부터 이 부근은 청춘의 열정이 예술로 승화되는 거리였다. 물론 청춘의 목소리가 컸던 탓도 있었다. 젊은이들은 무언가 합법적으로 자신들의 주장을 펼쳐야 했기 때문이다. 그 후 대학로라는 문화지구가 형성되었다가 사라졌던 역사가 있지만 2004년부터 다시 문화 특구지역으로 지정되며 지금까지 이어지고 있다. 조금은 다른 형태로 대한민국의 젊음이 모이고 있다.

— **마켓 마르쉐@ Marche@**

**주소** 서울시 종로구 대학로8길 1 마로니에공원 **장날** 매월 둘째 주 일요일
**홈페이지** www.marcheat.net **페이스북** facebook.com/groups/marche.korea

장터를 둘러보고 나서 마르쉐는 도시에서 펼쳐지는 장터가 가야 할 길을 정확히 보여주고 있다는 결론을 내렸다. 해가 뜨면 일하고 어둠이 오면 쉬기 바쁜 농촌과 어촌 생활을 접할수록, 도시에 대한 마음은 멀어져만 간다. 그렇다고 도시를 벗어나는 것 역시 도시 토박이에게 쉽지 않은 일이다. 언제나 눈을 뜨면 다시 도시 한복판에 서 있곤 한다. 그런 도시에서도 가슴을 확 트이게 할 해결책이 있으니 도시형으로 꾸며지는 시골 장터인 마르쉐이다.

일반적인 시골 장터에는 도매시장에서 물건을 사와 소매로 파는 상인들도 많지만 텃밭에서 직접 수확한 제철 채소를 들고 나와 장사하는 사람들도 있다. 참기름이며 들기름을 짜서 소주병에 담아 비닐봉지로 뚜껑을 만들어 노란 고무줄로 칭칭 감아놓기도 한다. 집에서 말린 무청을 장터로 가지고 나오기도 한다. 마르쉐는 전통 시장의 그것과 다르지 않다. 직접 가꾼 채소와 그것들로 만든 반찬류, 즉석에서 만들어 주는 맛난 음식까지 있다. 자연을 쏙 빼닮은 공예품도 한자리 차지한다. 자연을 해치지 않고 자연과 함께하고자 하는 마음, 그 좋은 것을 이웃과 나누고 싶은 희망이 한데 어

우러져 있다. 마르쉐는 그런 시골 장터를 도시로 들여온 셈이다. 그곳에서 우리가 도시에서 더 잘 살기 위해 나아가야 할 생산과 소비 문화의 모범을 선보이고 있다.

마르쉐는 해를 거듭할수록 더욱 단단해지고 있다. 혹자는 무엇이건 시간이 지날수록 성장하는 것을 당연하게 생각할 수 있지만, 상업 활동이 이루어지는 곳에서의 발전은 시간이 흐른다고 무조건 함께 커가는 것이 아니다. 돈이 통용되는 곳에는 늘 변절이 일어난다. 첫 의도와 상관없이 돈에 대한 욕심이 커지고 종국에는 돈뿐인 곳으로 바뀌고 만다. 하지만 마르쉐는 분명 좋은 방향으로 발전하고 있다. 돈은 여전히 수단일 뿐이며 사람들을 웃게 하는 것은 흙을 밟고 살며, 좋은 것을 이웃과 나누는 데에 있다는 것을 보여준다.

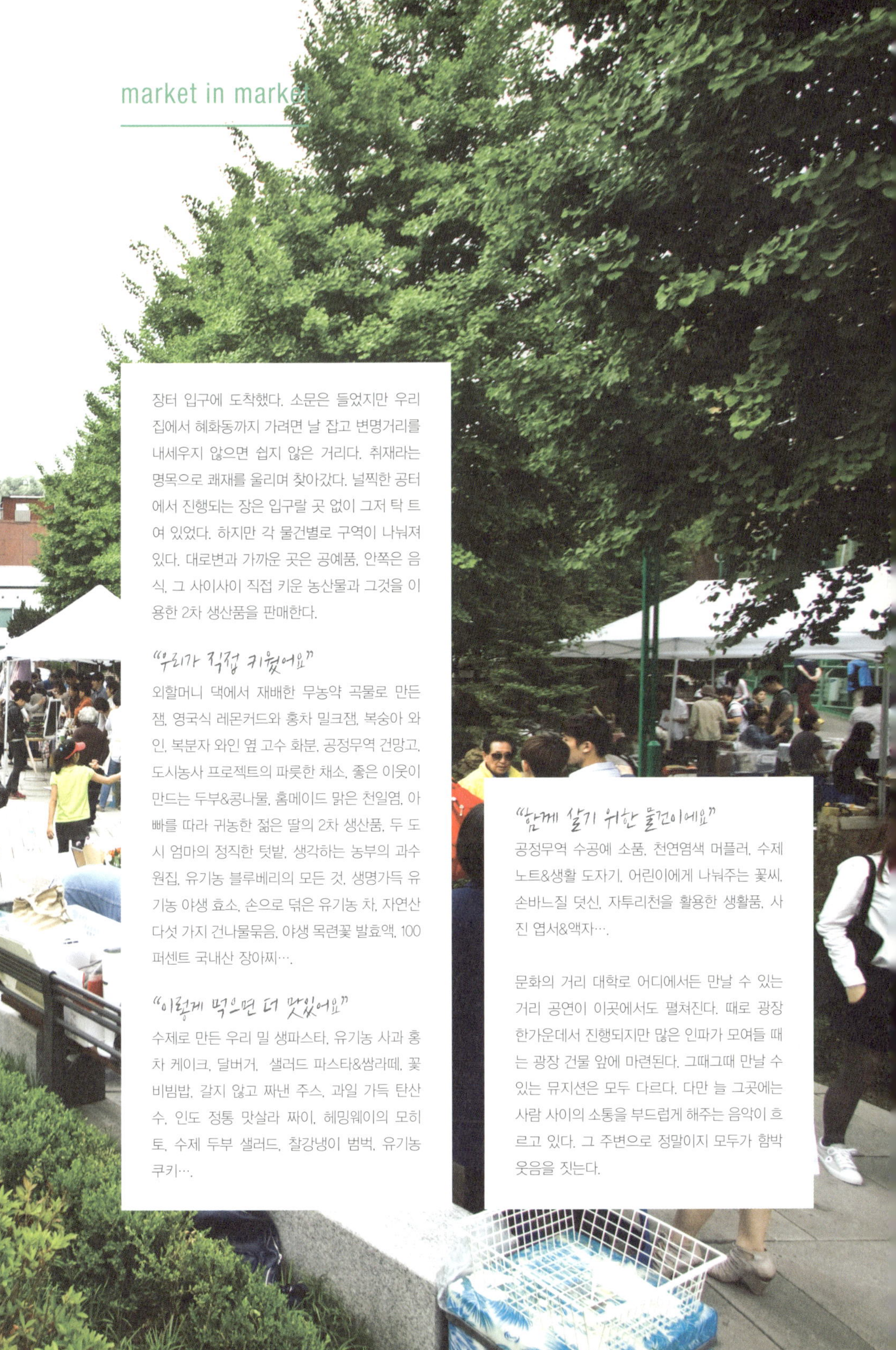



장터 입구에 도착했다. 소문은 들었지만 우리 집에서 혜화동까지 가려면 날 잡고 변명거리를 내세우지 않으면 쉽지 않은 거리다. 취재라는 명목으로 쾌재를 울리며 찾아갔다. 널찍한 공터에서 진행되는 장은 입구랄 곳 없이 그저 탁 트여 있었다. 하지만 각 물건별로 구역이 나눠져 있다. 대로변과 가까운 곳은 공예품, 안쪽은 음식, 그 사이사이 직접 키운 농산물과 그것을 이용한 2차 생산품을 판매한다.

### "우리가 직접 키웠어요"

외할머니 댁에서 재배한 무농약 곡물로 만든 잼, 영국식 레몬커드와 홍차 밀크잼, 복숭아 와인, 복분자 와인 옆 고수 화분, 공정무역 건망고, 도시농사 프로젝트의 파릇한 채소, 좋은 이웃이 만드는 두부&콩나물, 홈메이드 맑은 천일염, 아빠를 따라 귀농한 젊은 딸의 2차 생산품, 두 도시 엄마의 정직한 텃밭, 생각하는 농부의 과수원집, 유기농 블루베리의 모든 것, 생명가득 유기농 야생 효소, 손으로 덖은 유기농 차, 자연산 다섯 가지 건나물묶음, 야생 목련꽃 발효액, 100퍼센트 국내산 장아찌….

### "이렇게 먹으면 더 맛있어요"

수제로 만든 우리 밀 생파스타, 유기농 사과 홍차 케이크, 달버거, 샐러드 파스타&쌈라떼, 꽃비빔밥, 갈지 않고 짜낸 주스, 과일 가득 탄산수, 인도 정통 맛살라 짜이, 헤밍웨이의 모히토, 수제 두부 샐러드, 찰강냉이 범벅, 유기농 쿠키….

### "함께 살기 위한 물건이에요"

공정무역 수공예 소품, 천연염색 머플러, 수제 노트&생활 도자기, 어린이에게 나눠주는 꽃씨, 손바느질 덧신, 자투리천을 활용한 생활품, 사진 엽서&액자….

문화의 거리 대학로 어디에서든 만날 수 있는 거리 공연이 이곳에서도 펼쳐진다. 때로 광장 한가운데서 진행되지만 많은 인파가 모여들 때는 광장 건물 앞에 마련된다. 그때그때 만날 수 있는 뮤지션은 모두 다르다. 다만 늘 그곳에는 사람 사이의 소통을 부드럽게 해주는 음악이 흐르고 있다. 그 주변으로 정말이지 모두가 함박웃음을 짓는다.

# —늘장

어린 시절 친구에게 이런 말을 했었다.
나는 '항상' 널 기다릴 테니 넌 '언제나' 나를 찾아와도 좋아.
친구는 나의 마음을 이해하는 듯 잠시 눈물을 글썽였다.
서울 한복판에 늘 열리는 장터가 있다.
'늘'이라는 단어는 '항상'과 '언제나'라는 두 단어의 의미를 모두 포함하고 있다.
이 세 단어는 모두 그렇게 말하고 있다.
우리는 당신을 기다리겠습니다.
항상, 언제나, 늘.

마음이 열리는
착한 상설 시장

늘 열려 있는 장터 하면 떠오르는 것은 편의점이다. 멀리 갈 필요가 있을까. 집 앞 편의점에는 각종 식음료와 잡화, 싸구려 우산과 삼선 슬리퍼가 있다. 입에 딱 맞는 전자레인지표 스파게티에 1+1 음료를 파라솔 의자에 앉아 슬리퍼 신은 발을 까딱이며 먹고 마신다. 편의점이 장터가 아니더라도 그 작은 공간에서 시장만큼 다양한 현대적 물건을 구입할 수 있다. 천 원짜리 껌 하나를 사도 카드 계산이 되고 카드도 없으면 핸드폰, 그도 아니면 교통카드로 지불할 수 있다. 오래 머문다고 눈치 주는 사람이 있기를 하나, 안부를 묻는 주인이 있기를 하나, 설명이 필요한 물건이 있는 것도 아니다. 아무 때나 나 좋을 때 가면 그만이다. 단 한마디도 나누지 않고 필요한 물품들을 LTE-A급 속도로 구입할 수 있다. 편의점은 그래서 우리의 편의를 높여주는 가게다.

지금 이 글을 읽으면서 헛웃음을 흘렸는가? 그렇다면 당신도 나와 같다. 자꾸만 편의점에 가도 뒤돌아서면 허기진 현대의 쓸쓸한 기분을 아는 사람인 거다. 그렇다면 당신에게도 늘장이 필요하다. 그곳에 꼭 가봐야 하고 그 안에 한참을 머물러야 하는

— **동네 백범로28길**(염리동)

백범로28길이 있는 마포구 염리동은 예부터 소금을 실은 배가 들고 나는 곳이었다. 그러다 보니 소금 창고와 소금 장수들이 모여 있던 곳이라 해서 '염리'라는 이름을 얻었다. 근래 들어 이 부근에 지역민들의 활동이 많아지고 있다. 서울의 옛 모습을 간직한 염리동 골목을 돌아볼 수 있는 소금길에 많은 발걸음이 이어진다. 알록달록 예쁜 벽화 골목을 자치적으로 조성해놓은 곳이다. 또한 주민들이 상생할 수 있는 숲 속 장터인 늘장 역시 그 일환으로 사람들을 끌어 모으고 있다. 염리동 곳곳에서 펼쳐지는 사업은 지역공동체를 자처하며 주민들의 손으로 일군 이야기들이다. 이제 막 곳곳에서 다디단 열매를 맺고 다시 주민들에게 돌아가고 있다. 다른 지역에 거주하는 모든 사람에게도 활짝 열어두고서.

**지하철** 5호선 · 6호선 · 공항철도 공덕역, 6호선 대흥역

— **마켓 늘장**

**주소** 서울시 마포구 백범로28길 17 **장날** 상설시장(연휴 · 공휴일 휴장)
**전화** 02-3273-0997(늘장 사무국) **홈페이지** blog.naver.com/neuljang365

이유가 그것이다.

2013년 2월 주민들과 함께할 수 있는 공간을 만들기 위한 모임이 이루어졌다. 이름하여 경의선 포럼. 서울시에서는 서울의 경의선이 지하로 내려감에 따라 지상에 있던 폐선 주변의 공터에 시민의 숲을 조성하였다. 경의선 포럼은 이 공간에서 서로 소통할 수 있는 방법을 모색하는 자리였다. 지역 활동가, 청년, 오피니언 리더, 현장 종사자, 연구자 등이 참여한 모임에서 지역 상인과 주민들이 화합하여 공동체적 삶을 이끌 공간으로 꾸며보자고 합심하게 된다. 그렇게 늘장이 탄생했다. 주말은 물론 평일까지, 한여름에는 밤늦도록 운영되는 장터다.

그런 취지를 알기 때문일까. 이곳에서 터를 잡고 손님들을 기다리는 이들은 직접 키운 채소와 나눠 쓰고 바꿔 쓸 수 있는 중고품과 유기농 식자재로 소비자가 직접 만들어 보는 음식 등 삶의 질을 높일 수 있는 물품과 생각들을 가지고 나온다. 마포구 공덕역 부근에서 이루어지는 장터에는 그 마음을 잘 알고 동참하고 싶은 대한민국 사람들이 지역 불문하고 모여든다.

늘장의 특별함은 '내가 직접 참여하기'에 있다. 식자재 혹은 공예품 재료를 직접 생

산하지는 못해도 내 마음대로 조합해 내 입맛에 맞는 것으로 만든다. 몇 년 전까지만 해도 이와 같은 행사장에서 펼쳐지는 체험활동은 아이들 차지였다. 보호자들은 뒷짐 지고 서서 입으로만 참여하거나 작은 카메라 혹은 핸드폰을 찰칵이며 순간 포착에 여념이 없었다. 하지만 근래의 체험활동은 더 이상 아이들의 전유물이 아니다. 함께 해야 더욱 즐겁다는 것을 아이도 어른도 알게 된 것이다. 늘장에서는 엄마표 머그 옆 에 아이표가 나란히 놓인다. 아빠표 스파게티 위에 아이표 파슬리가 얹어진다.

자신의 손으로 생산해 사용하고 인스턴트가 아닌 직접 조리해 먹는 기쁨. 구석기 시 대와 같은 '내가 직접 하기'는 단순히 순간의 기쁨을 위한 체험이 아니다. 있는 재료 를 잘 활용하는 방법을 익히고 먹을 만큼만 조리해 남기지 않으며 쓰레기를 줄이는 습관을 배우는 것이다. 물건을 소중히 다루는 마음을 몸으로 기억하는 시간이다. 장 터의 한구석을 지키는 중고물품들 역시 그 맥을 따른다. 공동체는 단순히 내 눈앞 3 미터 안에 모여 있는 사람들만이 아니다. 당신의 물건을 나의 물건과 바꾸고 당신이 쓰던 것을 내가 쓰는 순간, 당신과 나는 이미 하나의 공동체다. 얼굴도 모르는 당신 과 나는 함께 살고 싶다.

## 마 을 공 사 '사 이'

마포구의 지원을 받아 시작되었지만 이곳은 지금 우리와 함께 살고 있는 사람들이 '오늘' 서로가 더 잘 살기 위해 고민하고 나누고 열어놓은 주민의, 주민을 위한, 주민에 의한 시장이다. 당장의 편의를 위한 물건과 사고가 아닌 앞으로도 편리하고 의로울 수 있는 것들을 가득 채워두고 당신을 기다리는 진짜 장터다.

공동체형 중고 문화 마켓인 '마켓인유'는 중고 물품과 수공예품, 사회적 기업 제품을 주로 판매한다. 특이한 것은 위탁과 매입, 교환으로 매장의 물건을 채워간다는 점이다. 위탁은 판매자가 수공예품 등을 판매할 공간이나 방법이 없을 때 활용할 수 있다. 일인당 열 개라는 제한이 있지만, 많은 사람이 참여할 수 있다는 점에서는 분명 필요한 한계선이다. 위탁된 물건은 적합한 금액을 정하면 늘장과 서울대 매장에서 2주간 진열한다. 매입이나 교환은 사용하지 않는 중고물품을 이곳에 가져오면 물건의 상태를 파악해 금액을 정하고, 현금으로 지불하거나 다른 물건과 교환할 수 있다.

열린 부엌을 자처하는 '자연의부엌, 마음먹기'에서는 식자재와 조리도구를 이용해 한 끼 식사를 직접 만들어 먹고, 다 먹고 나서 설거지까지 할 수 있다. 매장은 커다란 주방 형태로 꾸며져 있다. 가마솥 화덕과 흙 오븐에 피자나 철판 요리, 깡통 라면 등을 요리할 수 있다. 매장 외부에는 빗물저금통, 햇빛온수기, 햇빛온풍기가 있다. 먹고 사는 데 필요한 최소한의 것을 자연에서 얻어 과하지 않은 삶의 시작을 제안한다.

영화도 보고 차도 마시며 서로 간의 소통을 위한 공간 커뮤니티 카페 '늘씨네', 장터를 통해 사람 사이를 잇는 청년 예비 사회적 기업 '방물단 장터연구소', 창작의 기쁨으로 세상에 하나뿐인 나만의 그릇 만들기 'munbim', 그림책을 통해 교육을 실천하는 그림책 미술관 시민 모임 '와우북살롱', 자발적 참여와 협동적 관계에 기초해 직접 생산을 꿈꾸는 감성마을 '마을기업연합회'에는 목화송인, 햇빛공방, 마을공방 사이, 맑은손 공동체, 감좋은 공방, 행복마을, 성미산 좋은날더치커피가 함께 한다. 예술가와 도시 농부, 사회적 기업, 공정무역 단체들이 서로 모자란 부분을 채우기 위한 '모자란협동조합', 정직하고 공정한 유통을 추구하는 도농 교류 플랫폼 '보통직판장'….

그리고 늘장 한가운데는 공터로 남겨두었다. 밟고 만지고 느낄 수 있는 흙밭이 그곳에 있다.

늘장
마을 + 공원 + 장터 + 전시관 + 놀이터
빽빽 빌딩들이 우거진 빌딩사막 안, 오아시스 같은 존재로 태어난 늘장은 누구나 참여하여 생활을 즐기는 장터입니다. 마치 숨겨둔 것처럼 발견의 재미가 있는 늘장에 들어서면 매일 생활을 놀이로 즐거움을 살 수 있습니다.
함께 살아가는 법을 배우는 학교이고, 건강하게 살아가는 방법을 연구하는 연구소이고, 늘장 안 깊에 들어가도 이야기가 풍성한 시장이고, 미래를 길러먹는 이상한 텃밭이고 누구나 언제나 이 주민이 될 수 있는 마을입니다.

# – 세종예술시장 소소

어느 시인은 세상 사람 모두 시인이 되어 시인이라는 직업이 필요 없게 되기를 바랐고,
어느 철학자는 세상 사람 모두 철학자가 되어 철학자가 필요하지 않기를 바랐다.
나 역시 세상 사람 모두 예술가가 되기를 바란다.
다만 직업으로 혹은 천명으로 자신이 그렇다고 생각하는 예술가는
절대 사라지지 않기를 바란다.
작가라는 이름을 가진 이들은 더 나은 예술을 향해 몸부림치고 고민하고 연구해서
예술을 하는 모든 이에게 방향을 제시하는 사람들이었으면 좋겠다는 생각을 했다.
결코 사라지지 않고 말이다.
거기에는 일반 대중은 이미 작품을 내놓는 예술가라는 전제가 있다.
세상은 그렇게 움직이고 있다고 믿고 싶기 때문이다.

이런 예술 | 매년 초 장터의 개장일을 미리 알린다. 보통 봄부터 가을
본 적 있나요? | 까지 열리는데 한여름인 7월과 8월은 장터가 열리지 않는
다. 누구나 예술가가 되어 참여할 수 있는 시장이라는 모
토로 정말 아무런 제약 없이 사전 신청만으로 판매자가 될 수 있다. 소소한 무엇이건
간에 본인의 창작물이면 가능하다. 이곳은 일종의 오픈된 전시 공간인 셈이다. 정말
예술적이라는 혼자만의 감탄을 세상에 내놓으며 검증받는 자리이다. 일반인들은 예
술이 될 수 있는 분야의 다양성에 놀랄 것이며 자리를 지키고 있는 판매자이자 작가
인 그들은 또 다른 이에게서 영감을 얻을 수 있다.

이미 많은 출판물을 만들었거나 알려진 그림 작가이거나 사업자 등록을 하고 제품
을 판매하고 있거나 어느 편집매장에 한자리 차지하고 있는 작가들이 대부분이다.
그 사이사이 이날 처음으로 자신들의 아이디어와 노력으로 탄생시킨 갓 태어난 작

### — 동네 세종대로(세종로)

세종로는 광화문에 이르는 600미터의 길이다. 백과사전에 따르면, 서울과 한국의 정치, 경제, 사회, 문화를 상징
하는 중심 도로라고 요약되어 있다. 그만큼 주거민들보다 서울 사람들의 근무지가 모여 있는 곳이다. 또한 광화
문, 경복궁이 부근에 있고 2009년 광화문 광장이 조성되었으며 청계천이 복원되어 공원 역할을 하고 있다. 세종
문화회관을 비롯한 미술관과 화랑 등이 600여 곳이나 밀집해 있다. 내국인뿐 아니라 외국인 관광객도 많이 찾는
곳이다. 사시사철 사람들로 언제나 인산인해를 이루지만 볼거리도 풍성해 힘들거나 지루함 없이 걷기 좋다.
이 거리, 광화문광장 앞에 세종문화회관이 자리한다. 거리의 역사만큼 이 건물도 꽤나 다양한 시대적 상황을 지
나왔다. 본래 이 자리는 서울 시민회관이 있었지만 1972년 화재로 소실되었다. 그 후 서울 시민을 위한 문화 공
간으로 복원되었지만 활용도는 높지 않은 편이었다. 1999년 7월 재단법인이 되면서 지금의 모습으로 자리를 굳
힐 수 있었다. 건물에는 대극장, 소극장, 미술관 등 문화 시설과 컨벤션 센터, 컨퍼런스 홀, 회의실 등이 있으며
건물 주변에 분수대 광장, 데크플라자, 삼청각 등 부대 시설이 조성되었다. 2013년 4월, 회관 뒤뜰에서는 특별
한 장이 열리기 시작했다.

**지하철** 5호선 광화문역

### — 마켓 세종예술시장 소소

**주소** 서울시 종로구 세종대로 175 세종이야기
**장날** 비정기적, 사전 확인 필요(우천시, 혹서기 등 기후에 따라 일정 변동 가능)
**전화** 02–399–1077 **페이스북** facebook.com/sejongartmarket

품을 들고 나온 이들도 있다. 사람들의 반응을 살피고 혹여 있을 문제점을 보완하기 위해서다. 작가에게 자신의 작업을 시험해볼 수 있는 장이 있다는 것이 얼마나 큰 위안이 되는지 자신의 작품을 두근거리는 마음으로 바라본 적 있는 사람이라면 알 것이다. 예술이 어디 물건에만 국한되겠는가. 음악이 있는 공연도 예술 시장에 빠질 수 없는 또 하나의 예술이다. 회관 건물과 광장 사이에는 장이 열리는 시간 내내 아름다운 공연이 펼쳐진다.

세종예술시장 소소는 세종예술회관에서 주최하는 일종의 프로젝트지만, 이 자리를 후원하는 업체들이 함께 이끌어 가는 열린 행사이기도 하다. 장터에서 직접 예술품을 판매도 하면서 이벤트 협찬을 하거나 준비 작업을 돕는 경우가 많다. 그린마인드, 길종상가, 디노마드, 디오브젝트, 라파트먼트, 사라스가든, 스토리지북앤필름, 싱글레어, 앰허스트, 워크룸, 자라섬국제재즈페스티벌, 제로랩, 지콜론북, 프랙티스, 피아트, 헬로인디북스 등이 소소의 소소한 후원 업체들이다.

한눈에 본 소소는 규모가 작았다. 하지만 곧 하나하나 들여다보니 생각보다 많은 작가들과 작품이 있다는 것을 알 수 있다. 큰 분류로만 보자면 독립출판물과 디자인 소품, 사진과 드로잉, 일러스트 작품이 있고 퍼포먼스도 펼쳐진다. 참여 작가마다 하나의 매대를 가지고 있는 경우도 있고, 매대 하나에 여러 명의 작가가 모여 있는 곳도 있다. 그러다 보니 참여 인원이 더욱 많다는 것을 알 수 있다. 작업은 모두 다르다. 세상에 이걸 어떻게 다 정리한담! 현장에 가서 더 자세히 들여다보기를 권하는 바이지만, 우선 이곳에서도 두 눈 크게 뜨고 글자를 따라오길 바란다. 현기증이 날 만큼 다양하지만 그 안에는 분명 나와 당신이 하고 싶었던 예술이 있다. 이제는 모두와 함께 어울릴 때다.

세종예술시장
소소

The Magician

누구나 책을 만들어 자신의 목소리와 취향을 세상에 내놓을 수 있는 시대가 도래했다. 그 이전에도 물론 가능한 일이긴 했으나 판로를 찾기란 정말이지 어렵고도 고단한 일이었다. 앞선 선배들의 노고가 없었다면 지금의 상황이 불가능했을지도 모른다. 이름하여 독립출판. 그들은 책이라는 매체를 통해 그것이 만질 수 있는 종이책이건 모니터로 봐야 하는 e북이건 하고 싶은 말을 하고 같은 생각을 가진 이들을 찾고 있다. 베스트셀러가 되고자 하는 일은 아니다. 그렇게 되면 더욱 좋겠지만 그것이 유일한 목적이 되지 않는다. 그들은 그저 말하고 싶었을지 모른다. 여기. 이런 생각을 하고 있는 '우리'도 있다고.

청춘의 시기를 조금 더 아름답게 보내기 위한 방법을 연구하는 매거진 〈컨셉진〉, 여행과 일상이 두루 만나는 방법 〈보편적인 여행잡지〉, 플러스 사이즈 패션 · 컬처 매거진 〈66100〉, 예술에 대한 다양한 주관을 나누는 예술 중립 매거진 〈MOON〉, 모으거나 집착하는 것에 대한 비웃음을 승화한 매거진 〈THE KOOH〉, 사람과 음식을 통한 유희 한마당 매거진 〈Indie 요리터〉, 지혜로운 생활의 청춘 공감 에세이 〈이제 다시 시작해볼까〉, 내 안의 소리에 귀 기울이는 사람들이 만드는 독립 잡지 〈싱클레어〉….

디자인은 일상에서 가장 가까운 대중예술 중 하나이다. 작은 펜던트 하나부터 예쁜 티셔츠와 가방. 차 한잔하는 작은 도자기 컵과 접시. 직접 사용하지 않아도 공간을 보다 아름답게 꾸며주는 그런 디자인 제품. 감성은 더욱 풍부해지고 창조적 생각은 더욱 활발해진다. 여럿이 모여 회사를 차리고 그룹을 만들기도 하고 또는 홀로 서기를 두려워하지 않는 작가들도

많다. 관심 있는 사람이라면 나도 한 번쯤 이런 제품을 생각했었는데 하며 반가울 수도 있고, 도무지 믿기지 않는 아이디어와 그림을 접할 수도 있다.

출판 작업도 겸하는 디자인 스튜디오 '디오브젝트', 사진과 글, 일러스트 등 다재다능한 능력으로 세상과 소통하는 '퍼플루나', 만들고 싶은 많은 것을 시도하고 만드는 디자인&그래픽 스튜디오 '131watt', 실용성 있는 이상한 것들을 모아 출판하는 '일이삼사', 미술학원에서 만드는 교육 커리큘럼 'ARTIUM', 다섯 명의 작가가 모여 매체에 상관없는 다양한 시각언어를 풀어내는 'MOIM', 문화와 예술의 콘텐츠를 기획, 제작하는 디자인 그룹 '아이유토스페이스', 특별한 패턴을 물건에 입혀 디자인 상품으로 재탄생시키는 'PRINMATIC', 생명을 존중하고 마음의 빛을 밝히는 밀랍초 '환희의 초', 즐겁게 그린 그림을 도자기에 입히는 'marine snow', 멸종 위기 동물 그래픽 아카이브 '성실화랑', 당신의 아픔을 느끼며 어둠 속에서도 빛을 잃지 않기를 '아린의 우주의돌', 패턴을 입힌 기능적이고 감성적인 제품 '프리윌', 세 명의 배틀 작업으로 생활 예술품을 만드는 '지음', 수제 패브릭 소품의 제작과 수선의 모든 것 '새싹메이드', 직접 만드는 작은 물건 '스몰띵즈', 작은 액세서리에 아름다움을 담는 'shop-mud', 고객과의 소통을 우선하는 '아이엠아이', 핸드메이드 그래픽디자인 드로잉까지 'RECORDER-fac', 쿠션과 파우치, 에코백 위에 패턴을 드로잉하는 '크림슨코크', 사진, 글, 캘리그래피, 압화 작업까지 하는 한스와 달래의 '듬뿍스튜디오', 일상의 이야기를 남기는 프로젝트 그룹 '담담', 사루비아, 토끼도둑, 짜잔, 센치쿠, 파란오리, MONSTEETH,

INSALLOW, YOONSUNG, 호정, 레몬루나, 엘리스, 나루, Mr Leather, 바리, RASPYO, 90gram, bueno, 수집가 조, 반반, 서울수집기, 취미생활연구소…

매회 작가들은 조금씩 달라진다. 신청자가 많아서 매회 80여 팀을 선정하는 과정이 있다. 보다 많은 예술가에게 기회를 주고자 노력하는 것이 선정 기준이다. 이번엔 또 어떤 놀라운 예술이 등장할지 직접 확인해보시길.

# –달시장

"엄마, 달시장 가실래요?"
엄마와의 짧은 외출을 시도했다.
나는 곧잘 뜬금없이 나가자고 할 때가 많다.
대부분 거절하시는 엄마가 이날은 웬일인지 선뜻 "그래!" 하셨다.
"그런데 왜 달시장이야?"
"나도 몰라. 밤에 열리니까 그런 거 아닐까? 가보면 알겠지. 가요!"
"이름 참 예쁘네."
평소 인색한 칭찬의 단어까지 입에 올리시는 것을 보니,
이날은 엄마에게 뭔가 '달' 같은 날이었나 보다.

**휘영청 밝은 달 아래
장터에 가자!**

야행성 습관을 가진 이들에게 빛이 되어주는 달. 언제나 둥그런 모양과 똑같은 밝기로 하늘에 떠 있는 태양과 달리 매일 다른 얼굴로 변신하며 하늘에 떠 있는 달은 기묘한 기운으로 사람을 매료시킨다. 밤의 화려함이 별에 있다면 어둠의 순수함은 달에 있다. 낮보다 더 차분해진 목소리로 서로의 존재를 확인하고 태양의 열기보다 더 뜨거운 열정의 사색에 빠지고는 한다.

한여름의 해는 늦게 진다. 달은 이미 하늘에 떠 있다. 맑은 구름처럼 새하얀 달은 파란 하늘 속에 선명하다. 해와 달이 잠시 공존하면서 마주 보고 지나가는 시간이다. 달시장도 그때 시작된다. 청소년직업체험센터 광장에는 꽤 많은 인파가 몰려 있었다. 시장의 풍경은 소란스럽지만 밝았다. 아이들이 뛰어놀고 학생들이 왁자지껄 돌아다녔다. 장에 들어선 순간 정신이 하나도 없었지만 앞사람을 따라 걸으며 구경하다 보니 어느새 익숙해졌다. 완연한 밤이 되자 하나둘 조명이 켜졌다. 달시장은 물건

— **동네 영신로**(영등포동7가)

삼각형으로 자리하고 있는 영등포시장역, 영등포구청역, 당산역 중앙 영등포경찰서 사거리에서 영등포 청과시장 사거리까지의 길. 그 길 중간 영신로 200에는 서울시립 청소년직업체험센터인 '하자'가 자리한다. 이곳은 1999년에 개관해 연세대학교가 위탁 운영하는 곳으로, 청소년뿐만 아니라 청장년들을 위해 사회적 기업, 협동조합, 마을기업 등의 경제 활동을 지원한다. 하자센터의 주 활동으로 하자직업장학교, 로드스꼴라, 연금술사, 영셰프스쿨, 집밖에서 유유자적 등 일명 나비학교라고 불리는 대안학교를 운영한다.
이곳에서 지속적인 삶과 정보와 자원의 공유, 세계적 시민으로 성장하고 함께 살아가는 마을의 가치를 실현해가는 일련의 교육을 진행한다. 또한 청소년들의 바른 진로 찾기 프로그램이나 세대 간의 교류를 이끌어 마을 상생을 확산시킬 수 있는 하자허브 활동도 함께 운영한다. 하자센터는 동네의 중심점인 셈이다. 그 중심 광장에 5월부터 10월까지 한 달에 한 번 달시장이 걸린다. 달시장에 참여하는 이들을 달무리, 달시장에 도움을 주는 봉사자들을 별무리라 부르며 한데 어우러지는 동네잔치이다. 대한민국이라는 동네잔치.

— **마켓 달시장**

**주소** 서울시 영등포구 영신로 200 **장날** 매월 마지막주 금요일(5월~10월) 17:00~21:00
**전화** 070-4268-9918(하자센터 협력기획팀)
**홈페이지** www.dalsijang.kr, dalsijang.blog.me **페이스북** facebook.com/dalsijang **트위터** @dalsijang

만 소통하는 시장이 아니다. 나이와 상관없이 직접 하는 혹은 해야 하는, 또는 할 수 있는 것들도 채워져 있다. '함께 일하고 놀고 나누는 마을 장터'라는 슬로건처럼 '함께' 진행되는 장터다.

이곳은 밤에 열리는 장이기에 달이라는 이름을 갖는다. 하지만 장터에 참여해보니 또 다른 의미가 있다고 생각했다. 초승달이 보름달로 하루하루 모습이 변하지만 달은 변함없다는 것을 알려주었다. 또한 장터에서 진행되는 대부분의 프로그램은 달이 갖는 연속적인 삶의 상징을 표현하고 있다. 아이부터 어른까지 함께해야 하는 것은 인생이 그러하기 때문이다. 아이가 아닌 적이 없었으며 누구나 언젠가 인생의 종착점에 도달한다. 초승달이 보름달이 되고 다시 초승달이 되듯이 인생은 삶과 죽음이라는 보이지 않는 연속점으로 이어져 있다. 어느새 훌쩍 커버린 아이처럼 어느 날 꽉 찬 보름달이 밤하늘에 뜬다. 한 가지 다른 점이 있다면, 우리는 언제 보름달이 뜨는지 알지만 인생은 언제가 보름달인지 알지 못한다는 것이다. 달시장에 걸린 달 캐릭터가 반달이 채 되지 않는 초승달인 것도 그 때문이 아닐까.

달시장에 엄마와 함께 가길 잘했다. 엄마는 서울에서 이런 장이 열린다는 것에 의아해하다가 금세 익숙해진 듯 장터 곳곳으로 들어갔다. 벼룩시장에서 물건도 구입하고, 어르신 안마도 무료로 받고 피검사와 체지방 수치를 재기도 했다. 그리고 청소년들이 만들어주는 떡볶이를 맛보았다. 엄마는 밤에 열리는 화려한 장터에서 잠시 어린 시절로 돌아간 듯 보였다. 그동안 알지 못했던 엄마의 또 다른 얼굴이었다.

달시장은 두 개의 골목과 세 개의 마당으로 이루어져 있다. 농산물 직거래와 친환경 먹거리가 있는 먹자골목과 수공예품을 구입하거나 직접 만들어볼 수 있는 솜씨골목, 흥겨운 공연이 펼쳐지는 축제마당과 장터가 후원하고 마을 사람들이 직접 꾸려가는 달마당. 모든 세대가 어울릴 수 있는 마을놀이마당이 그것이다.

### 참여할 수 있는 먹자골목!

먹자골목에는 생산자와 소비자가 직접 만나는 보통직판장과 간단한 친환경 음식을 판매하는 먹거리장터가 있다. 소비자는 그저 농산품을 사거나 먹기만 하지 않는다. 소비 말고도 직접 참여할 수 있는 방법이 있다. 장바구니와 컵이 그것이다. 달시장은 일회용품 사용을 멀리한다. 검정 비닐봉지와 종이컵이 없다. 혹여 준비하지 못한 사람을 위해 약간의 보증금을 받고 젓가락과 그릇을 대여한다. 쓰레기가 없으니 보다 깨끗한 공간에서 음식을 즐길 수 있다. 수공예를 기반으로 하는 솜씨골목에서는 지역 문화 예술가들의 창작품을 구입할 수 있다. 아티스틱한 양초와 엽서, 카드, 수첩 등과 핸드메이드 제품, 종이 가죽이나 천연 가죽 열쇠고리와 가방, 천연석 액세서리, 수제 부채 등이 판매된다. 판매하는 매대의 중간 중간 체험도 진행되는데 누구나 마음에 드는 작업물이 있으면 도전해볼 수 있다.

### 밤하늘에 울려 퍼지는 음악 소리!

축제마당은 공연이 열리는 무대를 중심으로 펼쳐진다. 장이 서고 가장 먼저 열리는 것은 '달시장 마을의례'라는 이름도 재미있는 행사다. 장터에 모인 이들과 공동체 의식을 북돋우는 자리다. 시간마다 음악 및 퍼포먼스 공연이 이어진다. 사회적 경제와 관련된 그룹 혹은 인디밴드들이 출연하는 '축하공연'과 영등포 지역 주민과 단체의 참여로 이루어지는 '마을공연'이

있다. 무대공연이 없을 때는 라디오 방송을 통해 흥겨운 음악을 끊임없이 틀어준다. 맑은 기운의 이야기와 함께.

하자센터의 프로그램에는 '생각하는 청개구리'가 있다. 2011년부터 진행된 어린이 창의인재 육성사업이다. 이 프로그램은 달시장의 마을놀이마당에서도 만날 수 있는데, 문화 예술과 다세대 소통 등의 워크숍과 청년놀이 활동가와 함께 놀아보는 놀이 활동이 진행된다. 특히 놀이 활동은 어린이를 중심으로 모든 세대가 함께 잘 놀 수 있는 방법을 알려주는 시간으로 가족 모두 즐겁게 뛰어놀 수 있는 소통의 다리 역할을 하고 있다.

### 달시장의 묘미, 달마당!

이곳에서는 마을 사람들과 그들의 이야기가 펼쳐진다. 고장 나서 쓸 수 없는 시계나 우산 같은 물건을 고쳐주는 '마을 수리소', 양초와 면생리대 등 생필품을 직접 만드는 '생필품 워크숍'. 사회공동체의 정치, 문화, 환경적 조건을 고려해 해당 지역에서 지속적인 생산, 소비가 가능하도록 만드는 적정한 기술을 배우고 볼 수 있는 '적정기술 워크숍', 바꿔 쓰는 소비 생활을 지향하는 '물물교환'과 '벼룩시장', 재활용을 이용한 만들기 수업 '재활용 공방' 등이 있다. 거기에 주민 창업팀, 협동조합, 마을 기업, 사회적 기업 등 영등포에서 창업하고 운영되는 사회적 경제팀이 각자의 물품을 들고 와 소개하고 판매하는 '마을가게'가 있다.

어르신 안마, 건강검진 등 곳곳에 나눔의 공간도 있으니, 온 가족 나들이 장소로 손색없다. 하자센터 건물 안에 영셰프스쿨 학생들이 만드는 맛있는 간식도 판매한다. 기운 없을 때 달달한 무언가를 입에 넣으면 기분이 좋아지는 것처럼 한 달에 한 번 달시장에서 기운 좀 차려야겠다. 휘영청 밝은 달 아래에서.

# -블링&플래툰
# 나이트플리마켓

바야흐로 오픈마켓의 전성시대다.
프리 혹은 플리, 아트 혹은 동네 등 그 이름도, 종류도, 분야도 다양하다.
시작은 새롭고 놀라운 아이디어들로 무장했지만,
참여하는 사람들과 그들이 가지고 나오는 물건이 겹치는 경우가 많아
뭔가 다 비슷해지는 느낌에 아쉬웠던 찰나,
여기, 벌써 60회를 바라보고 있는 쿤스트할레스러운 개성 만점의 나이트마켓이 있다.
음악, 맥주, 흔들거림, 주체할 수 없는 홍.
자칫 심각할 수 있는 예술 혹은 철학은 집어치우고 한바탕 즐길 수 있는 시간.
꽤나 괜찮은 중고, 수제, 디자인 물건 속에서 멋쟁이 DJ의 디제잉은 덤!

## 청춘,
## 그 뜨거움에 관하여

2009년 4월 플래툰 쿤스트할레가 문을 열었다. 플래툰은 독일에서 활동하고 있는 아트 커뮤니케이션 단체의 이름으로 다양한 분야의 3500여 명의 전문가가 모여 문화 활동을 전개하고 있다. 쿤스트는 예술이라는 뜻, 할레는 공간의 의미를 담고 있다. 독일식 이름처럼 분위기도, 운영 체계도 독일 스타일이다. 강남의 쿤스트할레는 독일 쿤스트할레의 직영점인 셈이다. 베를린 예술의 특징은 개성, 실험, 모험, 도전, 역사에서 배우는 아이디어, 그것을 뛰어넘는 현대적 독창성 등으로 설명할 수 있다.

플래툰 쿤스트할레는 시대적 화두를 제시하고 비판적 입장을 통해 쉽게 생각하지 못하는 것들에 대한 문제의식을 제기하며 논쟁을 이끌어 가는 공간이다. 우리의 쿤스트할레는 거기에 한국적 스타일을 입혔다. 세계적인 작가를 초청하고 2층 작업실 공간에 머물기도 한다. 국내 작가들도 물론이다. 방향이 그렇다 보니 그들이 준비하

— **동네 언주로148길(논현동)**

언주로는 강남구를 남북으로 관통한다. 한마디로 이곳은 강남이다. 구 주소명으로는 논현동에 속하는 언주로 148길은 강남에서도 문화적 소요가 많은 곳이다. 부근에는 도산공원이 있고 호림아트센터가 자리한다. 성형외과와 피부 관리실의 개수보다 갤러리와 전시장이 더 많은 것도 특징이라 할 수 있다. 자연히 오고 가는 사람들의 관심은 조금 더 예술과 자연에 맞춰져 있다. 그리고 조금 더 세계적이다. 외국인 예술가가 많은 것도 그렇지만 유학파들도 많기 때문이다.
쿤스트할레가 있는 곳은 대로변에서 조금 들어간 곳이다. 고급 술집과 음식점이 즐비하고 외제차가 더 많이 다니는 거리다. 강남 젊은이들의 복장이 화려한 것은 당연한 듯하지만 이곳을 찾는 이들은 조금 더 색다르다. 화려함에 묻어 있는 개성이랄까. 고급스러운 브랜드 의류를 각자의 취향으로 재해석한 패션이다. 낮보다는 밤의 활기가 더 어울리는 곳이다. 부드럽고 화려한 불빛이 야경의 멋을 더하지만 각계각층의 다양한 사람을 만날 수 있는 공간이기 때문이다. 쿤스트할레 1층에서는 레스토랑&바를 운영한다. 독일식 유럽 음식을 맛볼 수 있고 세상 모든 주류를 즐길 수 있다. I love it!

— **마켓 블링&플래툰 나이트플리마켓 BLING & PLATOON NIGHT FLEA MARKET**

**주소** 서울시 강남구 언주로 148길 5 쿤스트할레 **장날** 매달 첫째 주 토요일 18:00~
**전화** 02-3447-1191 **홈페이지** www.kunsthalle.com **페이스북** facebook.com/platoon.seoul

는 공간 활용 행사도 특별하고 독특하다. DJ 나이트, 무비 나이트, 소셜 라이징 등이 있다. 그리고 나이트 플리마켓이 한 달에 한 번 뜨거운 열기와 흥겨운 음악 속에 진행된다.

푸른 어둠이 시작될 무렵 오랜만에 쿤스트할레를 찾았다. 네모난 깡통 건물 속 불빛이 조금씩 새어나오고 사람들의 웃음소리와 음악이 어우러져 거리로 흘러나오고 있었다. 오후 6시부터 진행되는 장터 중앙에서 주최 측이 판매자들에게 기부 받은 물품으로 경매가 시작되었다. 1천 원부터 시작하는 경매의 수익금은 기부된다. 참여자들은 소위 득템을 하면서 좋은 일에 참여하는 것이다. 진행자의 입담도 좋아 듣고 있으면 절로 웃음이 난다. 몇 가지 물품에 대한 경매가 진행될 즈음 장내는 어느 정도 정돈된다. 판매자들이 가지고 온 물건들이 가지런히 자리를 잡고 구경 온 사람들이 슬슬 몰려든다. 경매가 끝나고 본격적인 시장 놀이가 시작되면 DJ가 등장하고 음악 볼륨이 올라간다. 물품 거래에 발동이 걸리고 판매자들의 목소리도 높아진다.

장터는 1층 전체와 2층에 마련된다. 실내 공간이다 보니 확 트인 광장 장터와는 사뭇 다르다. 서로에게 좀 더 밀접하다. 판매자들도 옹기종기 모여 옆 주인이 자리를 비우

면 대신 물건을 설명하고 구매자들 역시 일행이 아니어도 어느 순간 함께 돌아다니게 된다. 건물 안을 왔다 갔다 하다 보니 아까 마주친 사람을 다시 지나치는 경우가 빈번하다. 같은 한국인들끼리는 조금 어색하지만 외국인들과는 가벼운 눈인사를 나눌 만큼 금세 얼굴을 익힌다. 맥주와 칵테일을 홀짝거리는 사람들이 늘어나면서 분위기는 한층 무르익는다. 주인 마음대로 정해진 중고물품의 가격 조율도 수월해진다.

물건만큼 재미있는 것은 사람 구경이다. 쿤스트할레를 찾은 사람들은 역시나 개성이 넘친다. 옷차림과 헤어스타일, 밤에도 쓰고 있는 선글라스 등도 그렇지만, 소풍 온 듯 셀카를 찍거나 누가 오든 말든 개의치 않고 딴 일을 하는 판매자 같지 않은 판매자도 독특하다. 친구들과의 수다, 옆 판매자와의 농담, 소비자를 가장한 탐색전까지 남다르다. 눈에 띄지 않게 이루어지는 만남의 시간까지 맥주 하나 건네며 나누는 전화번호와 이름에 청춘이구나 싶어 웃음이 떠나지 않는다. 물론 판매와 홍보가 목적인 사람들이 더 많다. 그들은 누구보다 열심히 한 장의 티셔츠라도 팔기 위해 고군분투한다. 어떤 이는 정말 열심히 직접 만들었다는 말을 붙이며 그저 봐주는 것만으로도 감사하다고 말한다. 청춘이구나 싶어 애잔하다.

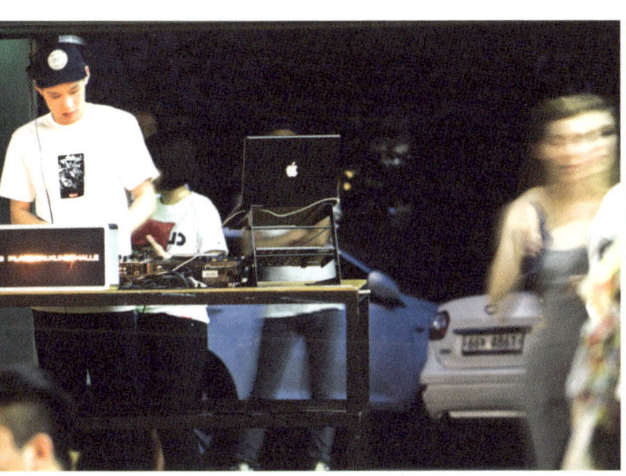

market in market

판매자 신청에 특별한 제한은 없다. 참가비는 2만 원. 신청은 홈페이지를 통해 가능하다. 일반 구경인은 무료입장이니 이곳은 판매자들 덕분에 공짜로 즐길 수 있는 파티인 셈이다. 한두 개의 물건을 사야 할까, 안 사도 될까? 당신의 양심이 물어볼지도 모른다.

참가비 외에 물건에 대한 기준은 없으니 구제품을 시작으로 창작물까지 볼 수 있다. 가장 많은 종류는 옷과 신발 등이다. 독특한 풍경이라고 할 만한 것이 명품 브랜드들의 제품이다. 대부분 구제 명품이지만 매우 다양한 브랜드가 자리를 지킨다. 심지어 화장품도 있다. 선글라스도 가지가지, 하이힐과 운동화 등 신발도 많다. 정말 예쁜 빈티지한 여행 가방도 있고, 쓸모없어 보이는 클러치도 있다. 여름이건만 겨울 용품도 있다. 말 그대로 구제품. 집에 있는 거, 친구가 안 쓰는 거, 엄마 거, 아빠 거, 주변에 있는 모든 것을 한 달 동안 모아서 오는 것 같다. 구제품 가격은 언제나 착하다는 생각은 오산이다. 명품의 값어치는 세월과 함께 쌓이고 높아진다는 말이 떠오른다. 물론 말도 안 되게 저렴한 물건도 수두룩하다. 물건값에 대해서는 각자의 판단에 맡긴다.

직접 그린 디자인을 입힌 머그와 담배 케이스, 파우치, 티셔츠 등 자체 제작 제품도 있다. 집에서 정말 혼자 만든 제품도 있고 쇼핑몰 등을 운영하며 외부 판매되는 물건도 있다. 아기자기하고 귀여운 물건과 임팩트 강한 디자인 제품도 있다. 미국의 어느 거리에 있을 법한 그래피티 느낌이다. 오죽하면 머그 이름이 타투다. 핸드메이드 액세서리는 재료나 디자인이 독특하다. 슬리퍼에 새로운 디자인을 입히거나 지갑 위에 직접 만든 피규어를 붙여 새로운 모습으로 만든 것도 있다. 색다른 아이디어의 제품과 캠핑용품, 의류 등 직수입 물건도 눈에 띈다. 음식은 없지만 수제 과일청은 있다.

뭔가 달라도 다른 청춘들의 시도, 하룻밤의 파티지만 한 장의 예술 같다. 모방하고 창조하며 성장하는 우리 시대의 예술을 감상해보라.

# 제주! 마켓

**PART 6** jeju market




제주! 마켓

**PART 6** jeju market

# -시간더하기

존경하는 선생님과 이야기를 나누다
선생님께서 보여줄 것이 있다며 프린트물을 건넸다.
아주 작은 비행 물체 주위에 사람들이 몰려 있는 모습이었다.
이집트 유물에서 발견되었는데 현대의 비행기 모양과 흡사하다는 것이다.
단번에 알아듣지 못한 내가 "그런데요?" 하고 되물었다.
"세상에 새로운 창조는 없다는 것이지.
언제 누가 무엇을 발견하고 어떻게 세상에 내놓느냐가 관건인 거야."
무언가를 알고 싶을 때 현명한 누군가는 가장 먼저 역사를 파악한다.
'시간더하기'의 주인은 빵의 역사에 대한 이야기로 대화를 시작했다.

## 제주 밀로 만드는 우리 빵

이 집 빵의 주재료는 시간이다. 효모를 키워내려면 시간이 필요하다. 효모를 넣은 반죽을 숙성하기 위해서도 마찬가지다. 커피 역시 48시간이 지난 것을 쓰고 레몬청 같은 것은 가볍게 두 달 정도. 그만큼의 시간은 문제될 것이 없다. 이곳의 시간은 계속 더해지니 시간 없다는 말은 통하지 않는다. 제주와 너무나도 잘 어울리는 이름이고 생각이다.

"강의를 시작할 때 첫 수업에서 이와 관련된 이야기를 해요. 세 시간 정도 진행되죠." 다행이다. 나는 주인의 배려로 한 시간 반 만에 강의를 마칠 수 있었다. 몇 번이나 정신을 놓아 혼났다. 그나저나 빵이 그런 역사를 지니고 있을 거란 생각은 한번도 하지 않았다. 그저 사면 먹고, 먹다 보면 배가 부르는구나 했을 뿐이다. 프랑스나 독일에서 빵이 건너왔다는 정도고 가끔은 일본 스타일 빵은 이런 거구나 했다. 빵을 만드는 사람으로서 빵을 알아야 했을 때, 시간을 거슬러 올라가야 한다는 것이 당연하면서도

— **동네 녹산로(가시리)**

'가시리 가시리잇고'의 고려 가요가 아니다. 시간을 더한다는 의미가 있는 동네명이다. 시내가 아니고 리나 면 단위에 농협이 있다는 것은 꽤나 부자 동네란다. 가게가 있는 가시리에 농협이 있다. 쳇망. 병곳, 번널의 오름 세 개가 있다. 제주에 370여 개의 오름이 있다는 것을 감안하면 작은 마을이라는 것을 알 수 있다. 시간더하기 매장이 있는 구역은 제주의 유일한 주민 공동터이다. 함께 나누고 얻고 다시 또 나누고, 자연 그대로 놔둔 채 공동 운영되는 땅이라는 뜻이다. 가게는 주민이 함께 운영하는 조랑말체험공원에 자리한다. 주인은 가게 앞 아주 작은 텃밭을 사용해도 괜찮다는 허락을 받아 다양한 채소를 직접 길러보고 있다.

— **마켓 시간더하기**

본래 서울 양천구 목동에 있던 '딜라이트 허'라는 유기농 빵집이었다. 재료를 수입하고 구매하는 것이 아니라 직접 키워서 자연에서 얻고, 주민들과 맞바꿀 수 있는 곳으로 이전을 결심했다. 제주에서 '시간더하기'라는 이름으로 새롭게 문을 열었다. 제주로 이전한 후 화덕 피자도 직접 굽는다. 제분기를 들여와 제주산 밀로 직접 밀가루를 만들기 시작했다.

**주소** 제주도 서귀포시 표선면 녹산로 381–15 조랑말체험공원 내 **전화** 064–787–9984
**홈페이지** blog.naver.com/cafegasi **인스타그램** instagram.com/cafegasi

막상 떠오르지 않았다. 학원이나 학교를 다니고 빵 만드는 기술을 익혀 제과점에 취직하거나 빵집을 차린다는 정도로만 생각했다.

시간더하기의 주인은 제과제빵과 전혀 관련 없는, 심지어 요리하는 것을 즐기지도 않는 평범한 직장인이자 남편이었다. 자신의 직업에 너무나 지쳐 몸도 마음도 상할 즈음, 지인의 부탁으로 카페에서 저녁 근무를 조금 도와주었다. 그 카페는 케이크를 공급 받아 음료와 함께 팔았다. 주인은 이곳에서 일하면서 자신이 이 분야에 흥미를 느낀다는 사실을 깨달았다. 이런 매장을 해봐도 괜찮을 듯했다. 당시의 직업은 사람들을 찾아다녀야 했지만 카페에서는 물건이나 공간을 쓰기 위해 사람들이 찾아오는 형태가 마음에 들었다. 이왕 한다면 직접 케이크를 만들어야겠다는 생각에 학원을 다니기 시작했다. 아내는 흔쾌히 응했다.

"당신이 나의 노후연금이 되는 거야" 했다며 주인은 수줍은 듯 자랑했다. 시작은 케

이크, 결론은 빵이다. 학원 수업은 생각 외로 무척이나 고되었다고 그는 회상했다.

"제과와 제빵 수업이 하루씩 번갈아 진행되는데 제과는 세 시간, 제빵은 네 시간이었어요. 그런데 제과는 세 시간 내내 서서 작업했고, 제빵은 한 시간 작업하고 한 시간 수다 떨고 한 시간 작업 또 수다 떠는 그런 식이었어요. 발효를 해야 했거든요."

빵이라는 것에 대한 주인의 애정도, 빵은 시간이 더해져야 완성된다는 것도 이즈음 알게 된 것이 아닐까 한참 후에나 어렴풋이 이해했다. 주인은 그래서 제빵 수업이 더 재미있었다고 말했다. 그리고 말했다.

"빵은 살아 있어요."

그렇다, 세상의 모든 사물과 존재에는 생명이 있다. 그래서 나 역시 카메라와 대화하고 잔디에게 말을 걸고, 사랑하는 조카에게 하늘에 대고 안녕(!)을 고할 것을 주입시키는 중이다.

"아뇨, 효소. 빵은 효소로 이루어져 있고 효소가 생명체라는 거죠."

주인은 빵을 발효시키고 부풀리는 그 효소를 말하고 있었다. 제과에 속하는 케이크도 빵이 들어가지 않느냐는 얕은 지식으로 한마디 던졌다가 그의 빵 역사에 대한 강의가 시작된 것이다.

"좀 다른 얘기를 중구난방으로 해도 될까요?"

"네, 괜찮습니다."

내 인생도 중구난방이다. 그래도 결론은 늘 하나다. 방향도 그러하다. 그러니 당장의 중구난방은 문제될 것이 없었다. 주인의 설명 역시 결론도 방향도 하나뿐이다, 빵.

"사람들은 빵이 유럽에서 시작되었다고 알고 있어요. 하지만 빵은 중동 음식이에요. 당시 그 지역에서 가장 많이 나는 곡물이 밀이었죠. 이러저러한 방법으로 먹어보다가 밀을 가루로 만들어서 반죽해서 먹는 것이 가장 좋았죠. 그러다 전날 먹고 남은 반죽이 부푼 것을 발견했어요. 그리고 맛도 더 좋았을 테죠. 그게 자

연 숙성의 시작이에요. 이집트 벽화를 보면 다 나와 있어요. 그런데 중요한 것이 뭔 줄 아세요? 지금까지도 빵은 그 방식 그대로라는 거예요. 그렇게 빵은 유럽으로 건너갔고 일본으로 들어와 우리나라에 전해졌어요. 몇 해 전까지만 해도 우리가 빵이라고 알고 있는 단팥빵이나 소보로 같은 것들의 시작도 중동이기는 하지만 일본을 거쳐 일본식으로 약간 변형된 것이라 보면 돼요."

주인은 빵의 역사에 대한 다양한 상황을 설명했다. 대화가 끝날 즈음, 나는 몇 종류의 빵을 사서 먹기 시작했다. 정말 맛있다며 연신 감탄하는 나를 보고 주인은 웃으며 말했다.

"빵으로 배를 채우실 건가요? 가시리에 정말 맛있는 돼지고깃집이 있는데 식사하러 가시지요?"

빵으로 배 속은 이미 든든했지만, 어느새 나는 그를 따라나서고 있었다.

# 목소리 좋은 남자

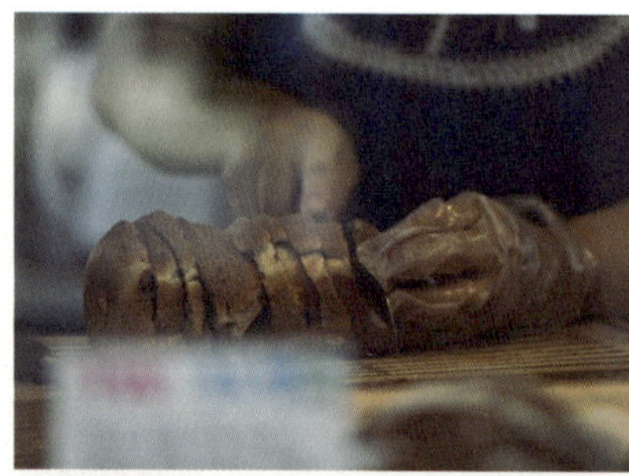

"그 말을 저는 반대로 생각했어요."

우리 밀이 끈기가 없다고 들은 적이 있다 했더니 그는 듣기 좋은 목소리로 야단치듯 힘주어 말했다. 우리 밀은 말 그대로 우리 땅에서 나고 자란 밀이다. 지역마다 물도 다르고 땅도 다르고 공기도 다르기 때문에 수입산 밀과 비교해서는 안 된다는 것이 그의 지론이다. 그는 우리 밀을 이용해 빵이 가져야 할 식감을 완성하기 위해 부단히 노력했다. 그렇게 탄생한 빵들은 제주 조랑말 곁에서 구워지고 있다.

"우리 밀로는 우리 빵을 만들어야죠. 한국전쟁 이후 빵이 들어오고 많은 시간이 흘렀지만 아직도 우리만의, 우리식의 빵이 없다는 것이 빵을 늦게 시작한 저의 생각이에요. 우리 밀이 끈기가 없어서 수입식 빵을 만들지 못하겠다가 아니라. 우리 밀을 이용해서 우리식 빵을 만들자가 저의 철학이 된 거죠."

연구와 노력이 마침내 제주에 닿았다. 여러 지역을 고려해봐도 이곳만큼 우리의 것을 취하기 좋은 곳도 없었다. 구입이 아니라 취하는 것. 그것 역시 그가 생각하는 우리 것을 활용하기에 일맥상통한다.

"이곳에 처음 와서 가게를 오픈하기 전까지 한 일이 뭔지 아세요? 고사리를 캐러 다녔어요."

고사리로 빵을 만들 거냐며 의아한 내가 물었다.

"아뇨. 먹으려고요. 빵에 넣을 수도 있겠죠. 지금은 산딸기를 따러 다녀요. 저기 있는 딸기잼이 제가 따온 거예요."

그는 빵만 생각하는 사람이 맞다. 그것도 매우 옳은 방향으로.

# 그 마켓에 그 물건



케이크가 아닌 빵을 만들어야겠다고 다짐한 주인은 빵의 시작과 중심은 발효라고 생각했다. 발효는 효모에서 답을 찾아야 한다는 것도 깨달았다. 그렇게 주인은 다른 재료에도 신경을 썼다. 제주로 이전한 후 구례산 무농약 밀가루에 제주 통밀을 껍질 채 직접 제분한 것을 섞어 사용한다.

포도즙을 짜서 빵 반죽에 넣는다. 이름하여 포도빵이다. 생수 혹은 수돗물이 아닌 포도 그 자체를 넣었다. 최초의 발명빵이면서 가장 인기 있는 빵으로 주인의 애정이 깊다. 주인의 개발은 계속되었다. 대추 넣은 대추빵, 삶은 감자가 들어가는 감자빵, 숙성시킨 레몬을 넣은 레몬빵 등 빵 이름이 주재료 그대로다. 4월은 고사리, 5월은 산딸기 등 그가 주변에서 취할 수 있는 것은 죄다 빵이 될 것이다.

**레몬빵**
60일 이상 숙성한 새콤한 레몬청과
고소한 아몬드가 잘 어울리는 빵

**포도빵**
신선한 포도를 직접 갈아 넣은 반죽에,
럼에 담궈 숙성시킨 건포도와 호두를 넣어
구운 인기 절정의 빵

**우리 대추빵**
하루 동안 진하게 달인 국내산 대추를
넣어 반죽한 빵. 풍미가 있고 부드럽다.

**초코 고래빵**
긍정적 표정의 귀여운 고래 배 속에
다크 초코칩을 넣은, 어린이들이 특히
좋아하는 빵

"장기 여행자이고 싶어요. 평생 여행을 하며 살고 싶지만 너무 짧으면 아쉽잖아요.
여행자이지만 그곳에서 살아보고도 싶죠. 우린 제주에서 장기 여행 중이에요."
여행의 흔적은 기억에만 존재하지 않는다.
여행 중에 찍은 사진에, 그곳에서 구입한 물건에,
거기서 먹었던 음식에도 여행의 추억이 남는다.
여행 후 일상으로 돌아와 현실에 치이다 보면
어느새 여행의 기분은 먼 기억으로 떠내려간다.
그것을 붙잡는 방법을 커리왈라는 잘 알고 있었다.
주인의 모든 것이 되어버린 인도 여행을 자신의 공간 안에 고스란히 담아냈다.
어디를 가도 늘 여행 중일 수 있는 이유다.

# −커리왈라

## 추억 속에 사는
## 아주 쉬운 방법

여주인은 인도 여행을 수없이 다녔다. 그러다가 어느 협회에서 자원봉사를 하게 되었다. 그때 밥을 사먹던 식당에서 지금의 남편이 일하고 있었다. 남자는 인도 사람이 아닌 티베트 사람이다. 독립국 티베트의 자진 난민으로 인도에서 생활하고 있었다. 여주인이 식당을 찾으면 유난히 밥을 더 많이 주기에 자신을 좋아한다는 것을 알게 되었다고 회상했다. 함께 한국으로 들어와 결혼하고 서울에서 생활하다가 가게를 생각하고 제주도로 들어왔다. 처음에는 제주에서 직장을 다녔다. 제주의 분위기와 사정을 알기 위해서였다.

애월읍 곽지리에 터를 잡은 건 1년이 지난 다음이었다. 빌라를 구해 생활하면서 동네 마실 다니듯 슬렁슬렁 여행 중이었다. 그러다 눈에 띈 가게 자리가 지금의 커리왈라로 변신한 곳이다. 이 자리는 10년 정도 방치된 횟집이었다. 제주 동네에서 알게 된,

### — 동네 일주서로(곽지리)

곽지과물해변이 있다. 제주시에 속하면서 해수욕장까지 있는 곳들은 번화하지만 이곳은 다소 조용하다. 아직 거대 상권이 유입되지 않은 것. 커리왈라가 처음 가게를 시작할 때보다는 그래도 많이 번화해졌다. 종류 불문하고 주변 상가 상인들과의 친밀도는 꽤나 높다. 서로 친하지만 분명한 선은 지켜주기에 오히려 좋은 관계를 유지할 수 있다. 제주도 사람들은 서로의 공간을 인정하면서 더불어 살아간다. 지킬 것은 지키고 공유할 것은 함께하는데, 보통 마당의 경우가 그러하다. 쉬고 싶으면 언제든지 지나는 집 마당이나 마루에 앉아 쉬기 때문이다. 하지만 곽지리 상가에는 그런 경우가 흔치 않단다. 공유하는 부분이 조금은 다르기 때문이다.

### — 마켓 커리왈라 Currywala

주인 부부의 사랑은 인도에서 시작됐다. 더 정확히 그들은 밥을 통해 우정을 쌓고 사랑을 키워갔다. 그리고 둘이 함께 인도만큼 낭만적인 제주도에서 밥을 판다. 밥이 곧 사랑의 시작이자 결실이다. 곽지과물해변 진입로에는 영화의 한 장면 같은 색색의 가게, 커리왈라가 있다. 왈라는 인도어로 만드는 사람을 뜻한다. 여주인이 서울시 창업지원프로젝트 사업에서 실험을 거친 가게였다. 하지만 서울에서는 수지타산이 맞지 않는다는 현실을 직시하고 제주로 눈을 돌렸다. 커리왈라에서 부부의 영화 같은 인생은 스케일이 커졌다. 처음에는 3년만 생각했던 일정이 자꾸만 1년씩 연장되고 있다.

**주소** 제주도 제주시 애월읍 일주서로 6015 **전화** 070-8232-8152
**홈페이지** blog.naver.com/sbluesgh

평생 친구라고 믿는 지인들과 함께 공간을 재구성하기 시작했다.

"서울에서 직장 생활을 하면서 서울시 창업지원프로젝트를 알게 되었어요. 당시에는 막연히 작은 가게를 해볼까 생각했어요. 그리고 아이템을 찾아봤어요. 가장 좋아하고 잘 아는 것이 인도더라고요. 친구들이 '사직동 그가게'라는 곳에서 인도 물건을 팔고 있었고요. 물건만 있는 가게는 조금 심심할 수 있으니 인도식 정통 카레를 팔면 더 재미있겠다 싶었어요. 서울시에서 지원을 받은 사무실에서 모의 사업을 진행했어요. 개성 있는 가게가 될 수 있다는 가능성을 봤죠. 문제는 장소였어요."

제주까지 와서 인도 물건과 카레를 팔게 된 과정이다. 제주도에서 장기 여행도 하고 싶었고, 자신만의 가게도 하고 싶었다. 조합이 맞을까 싶었지만 꽤나 많은 사랑을 받게 되었다. 제주와 인도는 방랑자들에게는 가보고 싶은 여행 일번지이기 때문인지, 주인과 비슷한 습성을 지닌 이들의 방문이 많아졌다.

"이곳 여행이 언제까지 지속될지는 잘 모르겠어요. 처음 마음과 달리 커리왈라만으로 생활하게 됐거든요. 내 가게니까 정말 내 마음대로 해도 될 거라고 생각했어요. 문 열고 싶을 때 열고 닫고 싶으면 닫고 제주의 이곳저곳을 여행도 하고요. 하지만 책임감이라는 걸 배우게 되더라고요. 저도 여행해보면 알잖아요. 꼭 가보고 싶은 가게에 갔는데 문이 닫혀 있으면 말할 수 없이 서운하거든요. 커리왈라를 중심으로 지낼 수밖에 없고, 또 그러다 보니 여행이 아닌 생활이 되어가는 거죠. 하지만 지금의 삶이 또 나쁘지 않아요. 나이를 먹어가고 아이도 커가니까 안주하며 사는 것도 괜찮다는 기분도 들어요. 가게를 위해서 인도에도 계속 다녀올 수 있고요."

자신의 가게를 찾아오는 사람들과의 무언의 약속이다. 제주에서 인도 물건을 살 수 있다는 기대를 안고 오는 손님들을 실망시킬 수는 없는 일이다.

애월읍을 떠나기 전 인사차 부부를 다시 찾았다. 촬영과 인터뷰 때는 보지 못했던, 일부러 개인 공간이란 생각에 들어가지 않았던 부엌을 보게 되었다. 벽면에 아주 예쁜 모양의 서랍을 달아 찬장으로 쓰고 있었다. 나는 정말 예쁘다며 아이디어가 좋다고 말했다.

"누가 버린 서랍을 주워온 거예요. 세상에 버릴 물건은 없어요. 자기 자리가 있기 마련이죠."

주인은 혼잣말처럼 대답했다. 나는 그들의 여행을 응원한다. 여행에서 배웠을, 사물의 소중함과 그 용도의 다양성을 알고 있는 같은 여행자로서.

# 마음을 따르는 여자와 남자

"3년 정도 생활하면서 알게 된 건데요, 제주는 조금만 유명해지면 상권이 굉장히 빨리 늘어나요. 그런데 문제는 정말 이곳에서 어떤 것을 하고 싶어서 하는 가게들이 아니라는 거예요. 대체로 사람이 많으니까 돈이 벌릴 거라고 생각하고 소위 장사를 시작하죠. 그런데 관광지는요, 비수기라는 것이 있잖아요. 그런 것을 감안해야 돼요. 대부분 생겼다가 금방 사라지는 곳들이 그런 상황에 당황해하다 떠나는 거죠."

들어왔던 사람은 나가면 그만이지만, 그런 순환이 반복되면 임대료와 권리금 같은 것이 올라간다. 정작 이곳에서 진심으로 무언가를 하고 싶은 사람은 더 이상 버티지 못하고 만다. 주인은 제주에서 살면서 그런 소식을 자주 듣는다고 설명했다.

"다시 공부하고 있어요. 이곳에서 생활하면서 딱 하나 부족한 것이 바로 문화더라고요. 예전에는 서점을 어슬렁거리며 책을 접하고 문구류처럼 소소한 것들을 사러 다니기도 했어요. 공연이나 영화처럼 문화 생활도 자주 즐길 수 있었죠. 육지에서는 문화의 풍요 속에 살았구나 하는 생각을 많이 해요. 그러다 문득 공부가 하고 싶더라고요. 졸업과 상관없이 강의를 듣고 그 명분으로라도 책을 보고 시간을 쓴다는 것이 좋아요. 자신이 하고 싶다는 마음이 움직이는 시점에, 마음에 드는 것으로 시작하는 것이 중요해요."

제주에서의 생활이 무조건 좋지만은 않을 것이다. 비수기의 가게를 견뎌야 하고, 좋아하는 문화생활도 줄어들었다. 하지만 견딜 수 있는 힘은 역시나 그 마음에 있다.

"가끔 그런 날이 있지만 크게 개의치 않아요."

조금씩 한국말이 늘어간다는 남편에게 한국 손님들과 문화가 달라 힘들지 않냐고 물었다. 부부는 서로를 바라보며 그들만의 언어로 눈빛 대화를 나누었다. 부부는 마음을 잘 보살필 줄 안다. 그래서 그 마음을 따르는 길에서 마음을 괴롭히는 외적 요소에도 크게 개의치 않는다고 확신했다.

# 그 마켓에 그 물건

## 커 리 왈 라

커리 만드는 사람이 인도 물건을 파는 곳이다. 커리는 인도식으로 인도 가정 식기에 담겨 나온다. 여름 성수기 때는 커리와 함께 케밥을 판다. 커리왈라에서 개발한 음료인 막걸리 셰이크는 제주 막걸리로 만든다.

물건은 인도 물건. 여주인은 인도 여행도 많이 하고 오래 살아서 인도 친구들도 많다. 물론 남편 역시 마찬가지다. 그녀의 취향을 알고 있는 친구들이 물건을 보내주는데 근래에는 직접 가서 물건을 사오기도 한다. 반지, 팔찌, 목걸이 등 액세서리와 가방, 수첩 등 천으로 만든 소품, 의류가 있다. 그중 일명 알라딘 바지는 주인이 가장 좋아하는 품목이다. 인도풍의 긴 원피스는 해변에서 산책할 때 살랑거리며 입기에 딱 좋아 보인다.

'…And you're shining. Like the brightest star. A transmission. On the midnight radio. And you're spinning. Your new 45s. For the misfits and the losers. Yeah, you know you're rock and rollers. Spinning to your rock and roll….'
숨이 멎는 줄 알았다. 나의 20대에 심장을 조여와 나를 꿈틀거리게 했던 음악,
나라는 사람이 나이기를 꿈꾸게 한 영화 〈헤드윅〉의 삽입곡
'Midnight Radio'가 카페 안에 울렸다. 눈을 감았다.
머리와 마음속 가득히 떠올렸다. 그때의 꿈, 열정, 희망, 용기 그리고 그때의 나.
'…Lift up your hands. Lift up your hands….' 다시 눈을 뜬다.
그때와 내가 변함이 없다는 사실을 확인한다.
그녀들도 마찬가지다. 우리는 달라지지 않았다. 우리는 이미 그러했으니까.

# —소심한책방

## 소심하지만 진중하게 시—작!

사람들은 누구나 자신만의 역사를 지니고 있다. 화려했던 시절이 왜 없었겠냐며 고개를 가로젓고는 한다. 세 살 아이에게도 3년간의 경험이 있다. 그 안에 일생에서 가장 화려했던 시절이 왜 없겠는가. 하물며 30여 년을 살아온 사람에게는 말이 필요치 않으리라. 언니 주인과 동생 주인의 지난 이야기를 들었다. 그 안에는 화려하기도 하고 아름답기도 한, 그렇지 않더라도 아련해지는 역사가 있다. 누군가의 과거를 현재와 더불어 이 짧은 글에 담기란 정말이지 곤혹스럽다. 그것이 나의 일이라면, 그럼에도 결정해야만 한다. 어떤 이야기를 할지.

내가 질문을 하지 않으면 두 주인은 잠시 침묵했다.

"어색해 미치겠죠?"라며 또래의 그녀들에게 너스레를 떨었다.

"아니요. 그냥 옛 생각이 자꾸 드네요. 잠시 회상하고 있었어요."

### — 동네 종달동길(종달리)

처음 동네 이름을 들었을 때 입가에 미소가 절로 떠올랐다. 종달리는 그렇게 예쁜 동네다. 제주 돌담 사이 좁은 골목이 있고 대문 없는 제주 본토식 농가들이 자리하고 있다. 곳곳에 커다란 나무와 쉼터는 주민들은 물론 오가는 사람들의 작은 휴식처가 되어준다. 소심한책방은 그 한가운데에 자리한다. 어느 집에선가 사용했던 창고였으니 바로 옆에는 여전히 주민들의 거주지가 있다. 나무 앞 넓은 공터에서 옆집 아저씨와 아주머니가 바다에서 건져 올린 것을 널어놓는다. 창고가 어떻게 이런 모습으로 변할 수 있는지 신기해했던 주민들은 그저 일상을 살아가고 있다. 우리 동네에 서점 있다고 뿌듯해하면서.

### — 마켓 소심한책방

아무것도 없는, 그저 주민이 살던 그런 조용한 마을에 우거진 갈대숲 풍경이 옛 소금터였다는 역사 위에 펼쳐져 있었다. 그곳에 터를 잡고 절실한 마음으로 살기 위해 게스트하우스를 지은 주인은 시간의 도움으로 생활의 안정을 찾았다. 그리고 자신만의 공간이 필요함을 절실히 깨달았다. 혼자서는 힘들지 몰라 도움의 목소리를 전했다. 20대부터 꿈을 함께 키워온 친구에게 한 달에 30만 원만 투자할 수 있다면 우리 작업실을 꾸미자고. 한 공간에 하루 종일 같이 있어야 하는 동업은 싫었다. 각자의 지역에서 할 수 있는 일을 하며 함께 운영하는 것이 서로의 생활을 알고 있는 두 명의 주인에게 적절한 공동 운영 방식이었다. 그렇게 언니는 서울에서, 동생은 제주에서 그녀들만의 숨을 수 있는 방을 만들었다. 그녀들이 항상 꿈꾸던 책이 가득한 작업실이다.

**주소** 제주도 구좌읍 종달동길 29—6 **전화** 010—6374—1826
**홈페이지** sosimbook.com **트위터** @sosimbook

언니 주인은 말했고 동생 주인은 고개를 끄덕였다. 주인들의 꿈은 20대로 거슬러 올라간다. 열정과 희망으로 가득 찼던 그때, 그녀들은 여행 동호회에서 친분을 쌓았다고 했다. 그러나 동생 주인이 언니 주인의 블로그를 보고 마음이 동해 다가간 것이 시작이었다고 동생 주인은 덧붙였다. 글과 사진을 보면 그 주인을 알고 싶다는 생각이 피어오르는 경우가 있다. 동생은 그렇게 언니를 알아봤고 이끌림은 정확했는지도 모른다. 둘은 함께 인연을 이어가던 중 막연한 약속을 하게 되었다. 무언가 제주에서 일을 벌이자고.

10여 년이 흘렀다. 언니가 먼저 결혼을 하고 인생에 남자는 없을 것이라던 동생도 지금의 남편을 만나 혼인식을 치렀다. 아이도 낳았다. 동생은 제주로의 이민도 했다. 시기는, 기회는, 그 모든 것은 그렇게 흘러갔다. 어느덧 30대를 맞이하고 인생의 허함을 인정하고 견뎌내는 사이, 아내이자 엄마로서, 여자이자 사람으로서의 정체성에 혼란을 느꼈다. 그래서 동생의 제안은 뜻밖이면서도 반가웠다. 결심을 굳히고 실행에 앞서, 제주에 거주하는 동생이 자리를 물색했다. 집에서 가까운 곳에 작은 공간이 있을지 두리번거리기 시작했다. 버려진 창고와 제주 돌담, 그 옆 커다란 나무를 보고 결정했다. 첫 결정부터 공식적인 오픈식을 할 때까지 정확히 1년이 걸렸다.

그동안 가만히 앉아 있지 못하고 내달린 것은 동생이었다. 언니는 그런 동생을 잡고

'잠깐만! 천천히 해도 괜찮아' 하면서 속도를 정상 가도로 돌려놓기를 반복했다. 그것이 진정한 찰떡궁합. 그렇게 책방은 문을 열었다. 혹여 아무도 찾지 않아 남편들에게 그간의 시간이 헛됨을 증명해 보이게 되어 미안함에 몸둘 바를 모를까 걱정했지만, 웬걸 남편들이 책방에 자리 잡지 못할 만큼 많은 사람들이 방문했다. 책방을 해도 괜찮겠냐는 처음의 걱정과 달리 동네 서점의 탄생에 쌍수를 들고 진심으로 축하를 건넸다.

그것은 또 하나의 감동이었다. 그녀들은 정말 크나큰 관심에 당혹스러움으로 잠시 멍했다가 하루 이틀이 지난 어느 날 언니는 아침에, 동생은 저녁에 눈물을 쏟아냈다. 그간의 고생에 대한 보상, 감동, 감사와 오랜 세월 꿈으로 간직한 것을 현실로 내보였다는 뿌듯함이 뒤엉켜 말로 표현할 수 없는 뜨거운 눈물이 흐르고 또 흘렀다.

소심하다는 것은 진중하다는 것을 포함한다. 무언가를 결정할 때 사려 깊게 고민하고 다른 이에게 피해가 갈까 조심하고 어떤 변수가 발생할지도 모른다는 것을 예상해보는 일이다. 내가 소심함의 대명사인 A형이기 때문에 같은 A형인 언니 주인과 합리화의 오류에 빠진 대화를 나눈 것은 절대로 아니다. 어떤 것에 있어서는 소심함이 꼭 필요하다. 그렇지만 또한 진중하게 시작하기를 또한 권한다. 소심한책방처럼.

# 함께 사는
# 서울 여자, 제주 여자

"A형 둘이 결정을 진짜 못하고 있네요."
나이에 맞지 않게 낄낄거리며 우리는 저녁식사 장소를 결정하지 못하고 있었다.
"알았어요. 좋아요. '바다는 안보여요'로 가요."
언니 주인은 국가적인 큰 결심을 내리듯 장소를 정했다. 즐거운 식사를 마치고 나는 홀로 카페에 머물렀다. 그 노래가 운명 같은 타이밍으로 카페 안에 울려 퍼졌다. 아름다운 인생 같으니.
"애쓰고 싶지 않아요."
언니인 그녀가 내뱉은 말이 내 심장을 팽창시켰다. 나도 애쓰고 싶지 않다. 언제나 열심히, 치열하게 삶을 살아갔다. 그녀들 역시 그럴 테다. 그럼에도 불구하고 우리는 애는 쓰고 싶지 않다. 다른 사람과 박자를 맞추고 남들이 꼭 해야만 한다고 말하는 그 시점에 그 무언가를 이루기 위해 따라가기도 버겁고 끌고 가기도 힘겨운, 그런 애는 쓰고 싶지 않다. 만약 애를 썼다면 지금과는 다른 생활을 맞았을 것이다. 그렇지만 바꾸고 싶지도, 되돌리고 싶지도 않다. 애쓰지 않은 우리는 과거의 후회 따위에도 애쓰지 않으니 말이다.
"그러고 보면 전 항상 최악의 상황일 때 일을 저지르고는 해요."
몸이 고된 현실적인 문제가 쌓였을 때 제주로의 이민을 결정했다. 마음이 중력의 법칙을 이기지 못하고 지구 핵까지 떨어졌을 때 자신의 공간을 만들었다. 결국 시작의 문제다. 주저앉을 것인가, 바꿀 것인가, 무엇을 어떻게 시작할지는 그대의 몫이다. 삶의 고난은 끊임없이 이어져 있으니

그것이 핑계가 될지, 덕분이 될지는 전적으로 자신의 결정에 달렸다. 동생인 그녀에게 최악의 상황은 늘 최고의 결과를 만들어 냈다. 앞으로도 분명 그럴 것이다. 그녀의 삶은 지금부터 또한 시작이다.
이 글을 쓰는 지금, 핸드폰에 문자가 왔다. 언니 주인이다. 그녀다운 소심하지만 진중한 표현의 안부 문자다. 이럴 수가! 소심한책방의 원고를 쓰는 중인데 감시받는 나쁘지 않은 기분이다. 그녀의 말대로 아마 우리 사이에도 좋은 기운이 흐르고 있나 보다.

# 그 마켓에 그 물건

## 소심한 책방

책방 운영에 대한 우려는 자신들이 갖고 싶은 책들이라는 해소법을 내놓았다. 소심한책방에는 그녀들이 좋아하는 책들이 들어찼다. 혹여라도 운영에 어려움이 생기면 소위 반띵해서 나눠 갖기로 했다. 물론 절대 그럴 일은 없어 보인다. 오픈 이후 손님들이 끊임없이 소심한책방을 찾으니 말이다. 무작위한 자본주의식 경쟁이 없다면 소심한책방은 종달리를 지켜낼 것이다.

**강승연 작가의 그림책**
언니도 동생도 사랑하는 그림과 내용이다. 대부분 '다른 것은 이상한 것이 아니다'는 생각이 들어가 있다.

**고 전혜린 관련 서적**
동생이 참으로 좋아하는 학자 겸 작가의 책들이다. 〈그리고 아무 말도 하지 않았다〉를 비롯해 전혜린 평전, 일대기 등이 있다.

**〈작은 집을 권하다〉 등 인테리어 관련**
자신의 공간을 갖고 싶다는 생각을 하고 나서 다시 가족을 돌아보게 되었다. 집에 대한 생각이 변하고 많아지면서 관심 갖고 읽게 되는 책들이다.

그외 〈우주는 잔인하다〉 (문학과죄송사 펴냄) 등과 같이 특이하고 재미있는 책들도 있고, 개인 아트 작품들과 독립 출판물도 작가들이 들어서길 원하면 자리를 내주고 있다. 예쁜 손 글씨가 적힌 직접 깎아 사용해야 하는 목각 연필과 진한 카리스마가 묻어 있는 검정 연필도 특별 판매한다. 주방에 있는 음료는 무료 이용 가능하고 모든 책은 소파에서 읽어볼 수 있다. 소심한책방에서도 꼭 가봐야 하는 장소는 화장실. 한쪽으로 쏠려 있는 벽면을 바라보며 생각을 집중할 수 있는 묘한 매력의 공간이다.

# 서귀포시
# 안덕면
# 산방로 208

## -레이지박스 카페

나는 당신이 부럽다.

보통의 일상을 살다가 사랑하고 결혼도 하고

자신의 유전자를 이어줄 아이를 낳아 기르는 것.

그것은 많은 사람이 하는 것이지만 분명 아무나 할 수 있는 일이 아니다.

나는 자유로움을 선택한 대가로 외로움을 받았다.

늘 혼자인 것을 원하면서도 혼자인 것을 슬퍼할 수밖에 없는 현실이다.

그래서 사람과 함께하는 당신이 언제나 부럽다.

하지만 이제 부러워하지 않으련다.

레이지박스의 여주인이 그렇게 알려주었다.

"자신의 달란트가 있잖아요.

저는 저의 것을 발견하고 나누고 잘 지켜낼 거라고 생각해요."

## 자신이 있는
## 그곳에 집중하기

5년 전, 남편은 두세 시간이 넘는 거리를 출퇴근하고 아내는 과다 스트레스를 꾸역꾸역 견뎌내고 있을 무렵, 결혼 전에는 몰랐던 서로의 꿈을 확인했다. 제주에서 살고 싶다. 그래, 나중이고 뭐고 지금 당장 이 생활을 바꾸지 않으면 영원히 벗어날 수 없으리라 생각했다. 레이지박스의 탄생과 과정은 쉽지 않았지만, 그리도 자연스럽다.

파도에 떠밀려 오듯 그렇게 흘러왔다는 여주인. 그녀는 알지 못하는 걸까. 파도에 떠밀려 오는 바닷물도 어딘가 시작이 있다는 사실을. 아니 어쩌면 여주인에게는 그런 것들조차 생각할 필요가 없었을지도 모른다. 그녀가 그렇게 살아왔고, 그래서 그를 만났고 제주를 향한 같은 마음을 알게 되고 나중에 할 거라면 지금 하자고 생각했을 뿐이니까. 그녀는 그리고 그녀의 남자는 그렇게 흘러왔으니, 그 시작을 고민할 필요가 없었으리라.

"그냥 제주에서 살고 싶었어요. 인터넷으로 집을 좀 알아보고 하루 휴가를 내서 무작

— **동네 산방로**(사계리)

산방산 바로 아래다 보니, 산방로라는 도로명 주소가 지정되었지만 이곳이 속한 마을의 구 주소는 사계리다. 산방산과 함께 산방굴사, 용머리해안, 마라도잠수함, 산방산탄산온천 등이 유명 관광지에 속해 있다. 레이지박스 카페가 자리한 산방산 입구 옆 건물에는 세 곳의 가게가 자리한다. 하지만 사계리를 진정 느끼고 싶다면 카페뿐 아니라 민박이 있는 마을로 내려가보는 것이 좋다. 골목 안쪽은 여전한 제주 농가의 모습이다. 몇 달 전까지 대문도 없는 레이지박스는 길을 알려줘도 지나치기 쉬울 정도로 제주 풍경에 흡수되어 있다.

— **마켓 레이지박스 카페 LAZYBOX**

사계리 마을 골목 안에 자리한 레이지박스 숙박은 안거리, 밖거리, 식당 겸 거실 전체를 사용하는 독채 민박으로 운영된다. 숙소에서 독립된 레이지박스 카페는 산방산 아래 자리한다. 한라봉 주스, 당근 케이크는 꼭 마셔보고 먹어봐야 하는 메뉴. 의미 깊고 정성 가득한 물건을 구경하다 지갑을 여는 것은 당신의 선택이다.

**주소** 제주도 서귀포시 안덕면 산방로 208 **전화** 070-8900-1254
**홈페이지** www.lazybox.co.kr

정 혼자 내려왔어요. 이 집을 처음 보자마자 그날 결정했어요. 정말 마음에 들었죠."
순식간에 벌어진 일이었다. 게스트하우스를 염두에 두고 집을 구한 것도 아니었다.
그저 살기 위해서였다. 하지만 그래도 무언가를 해야만 했다. 제주 생활에서 알게 된
안거리(안채) 밖거리(바깥채) 그대로 게스트하우스를 열기로 했다. 모여 산다는 것은
서로의 공간을 정하고 인사를 하고 또 서로의 공간 속에 머무는 것이다. 처음에 주
인 부부는 안거리에서 살며 손님에게 밖거리를 내주고 창고를 카페로 사용했다. 얼
마 지나지 않아 여러 문제점이 생겼다. 카페를 찾아오는 사람들도 밖거리에서 숙박
을 하는 사람들도 정체성이 확립되지 않은 공간을 헤맸다. 카페를 찾은 사람은 우아
한 카페 분위기를 즐기고 싶었고, 게스트하우스에 묵는 사람들은 편안한 개인 거실
겸 주방이 필요했기 때문이다. 분리를 결정했다.

그래서 지금의 레이지박스 카페가 탄생했다. 건물주가 제주인이 아닌 육지인이라 직
접 관리할 수가 없어, 믿고 맡길 수 있는 누군가를 원했다. 주민들은 건물주에게 레이
지박스 주인 부부를 적극 추천했다. 결국 이들이 동네에서 인정받지 않았다면 이 자
리도 얻지 못했을지 모른다. 그럼 지금 레이지박스를 찾는 우리는 있었을까. 순간 건
물주와 동네 주민에게도 감사의 마음을 품게 된다.

"우리가 처음 게스트하우스를 만들 때 건물의 형태는 건드리지 않았어요. 제주 농가
그대로 놔두었죠. 우리의 시간, 공간 등 모든 것이 무척 소중하죠. 그래서 어디를 가
든 반대로 생각하게 돼요. 내가 잘 살고 있는 동네에 누군가가 와서 시끄럽게 공사하
고 원래의 집을 부수고 하늘을 가리는 높은 건물을 지어 올린다면 많이 속상할 거 같
아요. 그러니 거창한 공사를 할 필요도 이유도 없었어요."

그런 주인의 마음은 사람들에게 그대로 전해졌다. 본토 형태, 그러니까 제주 사람들
이 쓰는 안거리 밖거리를 그대로 지키면서 타지인들에게 제주를 느낄 수 있는 공간
까지 마련했던 것이다. 레이지박스는 느림을 의미하고 있다. 또한 느림의 상징을 달

팽이로 두었다. 달팽이는 그녀에게 쉼표를 뜻한다. 달팽이와 쉼표를 표현하는 심벌에 그 마음이 그대로 담겨 있다. 게스트하우스만 운영할 때는 카페에 그녀가 직접 만든 문구류를 진열했다.

그녀는 제주에 여행 와서 막상 기념이 될 만한 물건, 그곳에서만 구입할 수 있는 물건이 없다는 것이 아쉬웠다. 여행길에 무겁고 거창한 물건을 구입하는 것도 쉽지 않으니 그녀는 달팽이, 쉼표, 레이지박스의 마음을 담아 작은 노트며 엽서 등을 손수 만들었다. 거기에 지역에서 나는 식재료를 가지고 주민들이 만든 특산물을 더했다. 제주의 특징이 고스란히 담겨 있는 물건이라면 그녀는 매대에 올리는 것을 주저하지 않았다.

단독 카페로 분리하고 나서 더 다양한 물건이 자리를 차지했다. 그녀만의 문구류는 여전하고 제주에 살며 알음알음 친해진 작가들의 작품도 들여놓았다. 그녀가 좋아서 가져다 놓은 물건들은 모두 현금 결제만 가능하다. 판매되는 그대로 모아서 판매자에게 전달하기 위해서다. 레이지박스의 소문은 금세 퍼졌으리라. 제주에 거주하는 디자인 회사, 타일 회사 등에서 자신들의 물건을 들고 이곳을 찾았다. 제주와 여행객을 위하는 마음이 레이지박스와 통하는 물건이라면 그녀는 즐거운 마음으로 자리를 내주고 있다.

# 흡수되는 여자
# 그리고 남자

자연스럽다는 것은 그런 거다. 겨울을 지나 봄이 오고, 어느새 여름과 마주하다 가을이 시작되고, 그렇게 또 다시 겨울을 맞이하는 것. 시간처럼, 흘러가는 강물처럼 말이다. 레이지 박스의 탄생이 그러하고 과정도 마찬가지다. 겨울이 끝이고 봄이 시작이라고 할 수 없듯이 어느 정도 안정기를 찾은 레이지박스는 끝도 아니고 시작도 아니다. 하지만 겨울엔 무언가 마무리를 지어야 할 것 같고, 봄은 작정하고 뭔가 시작을 해야할 것만 같다. 여름을 견디고 가을을 품는 것과 마찬가지다. 그래서 레이지박스는 사계절을 아우르는 가게 같다. 주인 부부는 봄처럼 늘 무언가를 시작하고 있고, 여름처럼 열정적이다. 가을처럼 마음과 생각이 풍요롭고, 겨울처럼 하나씩 마무리 지어 결과물을 만들어내고 있다. 사계리라는 동네에 자리를 잡은 것이 과연 우연이었을까? 내가 이곳을 직접 오기 전 처음 든 생각, '레이지박스 때문에 비행기 탄다'는 것처럼, 어느 때라도 다른 계절이 그리운 날 비행기를 타고 이곳으로 오고 싶다. 그저 그때의 계절을 즐기기에도 좋으리라.

"사회의 일원이 되어간다는 것. 그것만으로도 큰 의미가 되지 않을까요?"
무언가 지역에 공헌한 것은 혹시 없냐는 나의 질문에, 그녀는 사람 사는 곳은 다 똑같다고 말했다. 주인 부부는 제주에 살고 있는 유명 여행 작가와 함께 제주 계간지를 창간했다. 'I'm in island now'의 약자로 〈iiin〉이라는 이름을 붙인 매거진 안에는 이방인이 보는 제주, 여행으로서의 제주 그리고 그 속에서 삶을 이어가는 사람들의 제주가 담겨 있다. 카페에서 판매하는 메뉴도 제주스러움을 잃지 않았다. 그 안에서 판매되는 다른 작가들의 생활 예술품들도 그러하다. 이렇게 하기 위해서 제주를 찾은 것이 아니라, 제주의 이 작은 마을에서 하나의 일원으로 잘 살려다 보니 이렇게 된 것이었다. 내가 살고 있는 그 사회의 일원이 되는 것, 그것보다 더 지역에 공헌하는 일이 또 있을까 싶다.

# 그 마켓에 그 물건



그녀가 만드는 달팽이 심벌이 담긴 문구류가 있다. 깔끔한 마감에 앙증맞은 달팽이 그림이 쉼표인 듯 그려져 있다. 제주 5일장에서 구입한 천으로 만든 바구니 가방은 바리스타이자 디자이너인 직원의 솜씨다. 동물들이 키우는 유기농 녹차는 매장 중앙에 놓여 있다. 동물들이 먹고 배설하고 자연적으로 키워진 찻잎이 그렇게 맛있다고. 못생기거나 흠이 있어서 상품화하지 못하는 귤을 파치라고 하는데, 이 파치를 캐릭터화한 아트 제품과 웹툰 작업을 하는 작가의 물건도 있다. 주인 부부와 여행 작가가 함께 만든 제주 계간지 〈iiin〉도 한쪽에 놓여 있다.

# −슬로비

"슬로비 정신을 뭐라고 생각하시는데요?"
제주 슬로비에서 근무하고 있는 셰프에게
슬로비 정신에 잘 맞는 것 같냐고 질문했다가
되레 식은땀을 찔끔 흘려야만 했던 나는 황급히 말했다.
"요리를 통해 어른이 되어가는 것 아닌가요?"
"저 역시 어른이 되는 과정에 있는 거 같아요.
나이가 많다는 이유로 이 공간을 끌어가고 있지만,
저도 요리를 통해 계속 성장하고 있어요.
아마 끝나지 않을지도 모르죠. 그렇게 생각하니 슬로비 정신에 잘 맞는 것 같네요."
나이가 많아서 어른이 아니라는 뜻이리라. 분명 연륜은 무시할 수 없지만
성장은 누구에게나 끝나지 않는 일임이 분명하다.
뒤를 돌아보며 조금 천천히 주변과 함께 성장하고 있는 슬로비는 함께하자며
손 내밀고 있다.

**밥에서 시작되는
위대한 첫걸음**

중학생 시절부터다. 방학이 되면 집을 떠나 시골집이며 친척집을 돌았다. 여행이라는 개념으로 버스를 탔지만 평소 나와 함께 살지 않는 가족을 만나러 간다는 의미가 컸다. 시골집에 사는 또 다른 형제들과 산이며 들을 뛰어다니고 그들이 좋아하는 음악을 듣고 그들이 만드는 놀이에 동참했다. 그런 학창 시절의 경험은 고스란히 삶의 철학이 되었다. 어디를 가건, 분명 친척 같은 누군가가 있을 거라는 확신을 갖게 된 것이다. 한마디로 홀로 집을 나서는 것을 두려워하지 않았다.

슬로비의 대표 역시 청소년 시기의 그런 경험이 매우 중요하다는 것을 알고 있었다. 시골집이라는 공간에서 정서적 유대감을 느꼈던 것을 대표는 어른이 되어서 알게 되었다고 말했다. 그래서 찾게 된 도심 이외의 지역, 그곳이 제주였다. 대표는 제주 슬로비가 서울의 영셰프스쿨 학생들에게 그런 시골의 역할이 되어주기를 바라고 있

— **동네** 애원로(애월리)

도내의 읍면 지역 중 가장 넓은 애월읍에서도 리사무소가 있는 중심 마을인데도, 해변 관광객이 적어서인지 동네는 다소 조용하다. 애월이라는 이름은 애월포구가 초승달 모양 같이 생겼다 해서 유래된 것으로 전해진다. 인접 바다에 애월항이 있고 해안가 주위로 펜션, 식당 등이 자리하고 있다. 가까운 오름으로 이름도 예쁜 새별오름이 있다. 어렵지 않게 올라 애월리 풍광을 한눈에 볼 수 있는 노꼬메오름도 있다. 가게가 하나 들어설 때도 훈훈한 인심과 미소를 잃지 않는 주민들 역시 빼놓을 수 없는 애월리의 자랑이다.

— **마켓** 슬로비 Slobbie

슬로비 대표가 애월리를 찾았을 때 주민들은 매우 호의적이었다. 대표는 어르신들을 모셔놓고 슬로비라는 요식업을 통해 이 지역에서 하고 싶은 일을 설명하는 시간을 만들었다. 그리고 마땅한 장소를 찾고 있다고 부동산이 아닌 주민들에게 도움을 청하자 주민들은 지금의 자리를 선뜻 내주었다. 애월리사무소가 있는 건물 1층에 그렇게 슬로비는 둥지를 틀었다. 어떤 방식으로 애월리와 함께 커나갈지 끊임없이 고민하며 하나씩 실행해 가고 있다. 프랑스 요리 학교 출신의 셰프와 하자센터의 청소년 요리 대안학교인 영셰프스쿨 출신의 요리사 둘, 인턴 한 명이 한집에서 함께 살며 매장을 지키고 있다. 하자센터 대표는 비정기적으로 이곳을 찾아 전체적인 운영을 살핀다. 셰프는 매장의 요리는 물론 한 가족의 엄마 역할까지 톡톡히 해내고 있다.

**주소** 제주도 제주시 애월읍 애원로 4 애월리사무소 **전화** 064-799-5535
**홈페이지** www.slobbielife.net

다. 그러기 위해서는 슬로비가 이 지역에서 긍정적인 방향으로 제대로 자리 잡는 것이 선행되어야 했다. 지금 제주 슬로비는 그 과정에서 조금씩 지역민들과 공간을 꾸려가고 있다.

"작은 밥집이 무슨 큰일을 할 수 있겠어요. 다만 마을의 행사 등에 참여하면서 지역의 일원이 되어가는 것이죠. 그 과정에서 우리가 할 수 있는 일은 요리니까 그것을 매개로 주민들과 함께하고 있어요. 제주 슬로비 공간이 분명 음식점이긴 하지만, 이곳은 영셰프스쿨 졸업생들의 일터이자 요리를 좋아하는 사람들의 교육장이 되고 함께 즐길 수 있는 공연과 문화가 만들어지기를 바라요. 이 공간을 다양하게 활용하고 싶어요. 그것이 작은 밥집이어도 가능한 슬로비의 재능이라고 생각해요."

오픈한 지 1년이 되어가는 제주 슬로비는 이미 많은 것을 주민들과 공유하고 있다. 이곳의 음식 메뉴 역시 지역을 기반으로 하는 로컬푸드를 지향한다. 공연을 전문으로 하는 다른 사회적 기업의 후원으로 간간이 공연이 펼쳐지고 다문화가정 자녀들과의 요리 수업도 비정기적으로 열린다. 애월고등학교 학생들과 주 1회 요리 강좌를 진행하고 학교의 멘토&멘티 프로그램의 장소로도 협조하고 있다. 밥이라는 요리를 통해 이곳에 들어오는 모든 이들과 식구임을 자처하는 셈이다. 나는 다소 의외라고 생각했다. 청소년을 위한 사업의 테마가 어쩌다가 요리가 되었는지 궁금했다.

"서울의 하자센터에서는 다양한 주제로 청소년들과 함께해왔어요. 목공예나 생활용
품을 만드는 시간도 있고 컴퓨터를 활용하는 작업, 요리 수업도 그중 하나였죠. 하나
를 결정해야 했을 때 요리만큼 좋은 소재도 없다고 생각했어요. 요리를 하려면 오감
을 사용해야 하고, 주변을 생각하는 마음을 기본적으로 배우게 되잖아요. 취미 생활
로 끝나지 않고 사회 활동으로 연결하기에도 좋았죠. 슬로비를 오픈하면서 요식업
으로 시작하긴 했지만 영세프스쿨을 통해 청소년들이 스스로 자립할 수 있는 기회
를 만들게 되었어요."

"대표님도 요리를 좀 하시나요?"

앞선 질문에 고개를 끄덕이며 물었다.

"아뇨. 요리는 셰프들이 해야죠. 우리는 자격증을 목표로 하지 않아요. 만약 시험을
위해 요리를 배워야 했다면 학원이 더 빠르고 쉬울 테지요. 영세프스쿨은 자립과 책
임, 행복을 기대하며 요리해요. 그것을 도와주는 것이 저의 몫이고요."

대표의 설명은 물론이고 슬로비의 존재가 든든했다. 시골집을 경험하기 힘든 요즘
의 시대에 슬로비는 정서적 유대감을 충분히 나누며 함께 성장할 것이라는 기대감
이 일었다.

# 각자의 지역에서 사는
# 슬로비들

슬로비를 처음 만난 것은 홍대 앞에서였다. 벌써 몇 해 전의 일이다. 그날의 밥상이라는 건강식이 참으로 마음에 들었다. 매일 공수되는 유기농 식재료와 화학조미료를 사용하지 않는 조리법 등 당시에도 획기적인 음식점으로 기억한다. 제주 슬로비를 처음 전해들었을 때 이 슬로비가 그 슬로비가 맞는지 궁금했다. 성북 슬로비를 만나고서도 마찬가지였다. 결론은 '그렇다'이면서 '아니다'이다. 분명 같은 뿌리를 두지만 각자의 지역적 특색에 맞게 조금씩 다른 형태를 보인다. 같은 뿌리이기에 믿음직스럽고 각각의 매력을 지니고 있기에 신선하다.

홍대 슬로비는 당시 그 모습 그대로이다. 여전히 건강한 음식점이다. 매장에 마련된 판매 공간에는 슬로비 로고가 새겨진 문구 용품이 자리하고, 공정무역 상품. 후원 모금을 위한 제품 등 다양한 디자인 제품이 가득했다. 거기에 홍대스러운 분위기가 입혀졌다. 간단한 안주와 유기농 막걸리를 즐길 수 있다. 홍대식 공연과 세미나 역시 홍대 슬로비에서만 만날 수 있는 특색이다.

성북 슬로비는 청소년에 조금 더 집중한 공간이다. 성북에 자리를 잡은 것부터가 그러했다. 오픈 당시 성북구는 서울시에서 탈청소년의 비율이 가장 높은 곳이었다. 그런 친구들과 교류하기 위해 성북에 자리 잡고 도시락을 만들어 판매하기 시작했다. 도시락이라면 작은 가게를 시작으로 자립할 수 있으리라는 생각에서다. 이곳 역시 영셰프스쿨 졸업생들이 인턴으로 일한다. 지역 청소년들과 요리 수업을 진행하며 사회 활동을 시작할 수 있는 용기도 심어주고 있다.

각 지역의 슬로비들은 각자 특색에 맞는 메뉴를 속속 개발한다. 함께 공유할 수 있는 메뉴는 또 같이 내놓는다. 제주 슬로비에서 홍대 커리를 제주식으로 내놓거나 제주 슬로비의 오늘의 수프와 제주 돌빵 메뉴를 홍대에서도 제공하는 식이다. 제주 슬로비가 그리운 어느 날 홍대 슬로비를 찾아도 조금은 위로가 될지도 모를 일이다. 슬로비는 계속해서 각 지역에 맞는 소재로 매장을 열어갈 계획이다. 마음과 뜻. 결심이 같은 사람들이 있다면 기꺼이 슬로비라는 이름을 나누어 쓸 것이다. 대한민국 모든 지역에 조금 느린 친구들과 함께 천천히 삶을 이어갈 슬로비가 탄생되는 그날을 기대한다.

# 그 마켓에 그 물건



로컬푸드를 주로 하고 있기에 애월리에서 나는 식재료 사용에 집중한다. 애월리 취나물을 팔기도 하고, 신메뉴 개발에서 매진하고 있다. 매장에는 슬로비 제품과 제주 예술가들의 생활 작품도 함께 판매한다. 공정무역에 동참하는 카페이고, 슬로비 디자인 제품의 수익은 공공사업을 위해 기부된다. 영리를 추구하는 식당들이긴 하지만 사회적 책임을 다하는 꽤 괜찮은 사회적 기업의 꽤 괜찮은 물건들.

**머그**
심플한 디자인에 오로지 슬로비 로고만 담았다. 많은 의미를 담고 있는 로고인 만큼 차를 마시면서 생각에 잠기기 좋다. 수익금은 청소년 복지 사업에 사용된다.

**봄꽃 스카프**
하늘거리는 스카프에 봄꽃이 춤을 추는 제품. 수익금 역시 공공사업에 쓰인다.

**애월리 취나물**
애월리 지천에서 자라는 취나물을 판매하고 수익금은 주민과 나눈다.

제주시
애월읍
장전로 155

## —하루하나의
## 반짝반짝착한가게

세상에 완전한 존재가 두 가지 있다.
하나는 자연이고 나머지 하나는 아이다.
태초에 아담과 이브가 에덴동산에서 살았다면
자연 속에 두 아이가 뛰노는 아름다운 풍경이었으리라.
그리고 예술은 이 완전한 두 존재를 늘 갈망한다.
하루하나의 주인이 자연으로의 걸음을 망설이지 않았던 이유는 아이였다.
그리고 그 결정에 동화되어 행복과 심신의 건강을 만끽하는 것은
가족 모두에게 돌아왔다.
카페 하루하나의 정원에서 반짝이는 눈빛을 지닌 이들이 모여
한바탕 잘 놀 수 있는 것도 그 때문이다.
아이와 자연, 예술까지 모인 완전한 공간, 함께 사는 세상의 시작이다.
그곳이 현대의 에덴동산.

## 아이의 눈으로
## 예술적 마음으로

결혼 전 여주인은 공연 기획을, 남주인은 방송업에 종사했다. 결혼을 약속하고 퇴직금을 모아 서울 혜화동에 갤러리 카페를 운영했다. 남편은 아내에게 늘 귀농을 권했지만, 아내는 서울의 풍요로움을 버리고 싶지 않았다. 그러다 아이를 갖게 되었다. 아내는 이런저런 생각할 것도 없이 제주로의 이주를 결정했다. 아이에게 가장 자연스러운 환경을 주고 싶었기 때문이었다. 하루하나를 방문한 날, 상상 속에만 존재하는 동화 속 풍경을 마주했다. 주인의 설명을 듣고 나니 아이를 위한 천국을 만들어 놓은 것이라 이해했다. 얘기를 듣지 않아도 자연스레 알 수 있었다. 이곳으로 왜 반짝이는 사람들이 스스럼없이 발걸음하고 유명세를 타는지.

여주인은 처음 터를 잡을 때 정신이 하나도 없었다며 고개를 내젓고는 힘든 시절을 회상했다. 막 태어난 아이를 돌봐야 했고 집터를 확정하지 못했고 제주도민들과의 문화 차이도 배워야 했으니 그 어려움이 가히 짐작되었다.

— **동네 장전로**(장전리)

애월읍에 있는 장전리는 중산간 지역에 위치한다. 유명 연예인이 하나둘 터를 잡으면서 세상에 조금 알려지게 되었지만 여전히 조용한 동네다. 장전리로 향하는 길목에는 벚나무들이 늘어서 있다. 마치 비밀의 정원에 들어서는 기분이다. 마트를 비롯한 편의 시설은 마을 외곽에 자리하고 있다. 그리고 마을 길가에 유일한 카페 하루하나가 있다. 처음에는 무뚝뚝하다고만 생각했던 이웃들은 시간이 흐를수록 잔정을 내보이며 외지인을 품어주었다. 아침에 일어나 입구에서 이웃이 놓아 두고 간 감자며 호박을 발견하는 건 흔한 일이다.

— **마켓 하루하나의 반짝반짝착한가게**

갤러리 카페 하루하나를 운영하면서 제주 작가들과도 친분을 쌓아갔다. 주인은 제주도에 그리 많은, 뛰어난, 반짝이는 작업을 하는 사람들이 있을 줄 몰랐다. 어느 날 주인 부부와 몇몇 작가들이 모여 재미있는 일을 도모해 보자는 얘기가 오갔다. 그래서 시작한 예술 장터. 이름을 결정할 때 주인은 더 생각할 것도 없이 '반짝'을 떠올렸다. 그 눈빛들. 꿈들. 생각과 마음까지 마켓을 준비하는 모든 순간과 사람들이 반짝였다. 한 달에 한 번 반짝이는 사람들은 하루하나에 모인다. 갈수록 더 재미있는 이야기로, 더 빛나는 생각으로 채워지고 더해지고 착하게 나누고 있다. 운영 날짜는 매월 홈페이지에 공지한다.

**주소** 제주도 애월읍 장전로 155 **전화** 070-7788-7170 **홈페이지** haruhana.me

"아주 사소한 것들부터 땅을 구입하고 건물을 짓는 것까지 정말 어려운 점이 한둘이 아니었어요. 저희가 육지에서 와서 이네들이 싫어하나 보다 하는 생각도 했어요. 시간이 흐르면서 어떻게든 살아보려는 우리를 안타까워하고 작고 소소하게 도움을 주셨어요. 제주에서는 성별에 상관없이 어른들께 삼촌이라는 호칭을 사용해요. 저희는 그게 마음에 들어서 주민들께 삼촌, 삼촌 했었죠. 어르신들이 보시기에 그 모습이 귀여우셨나 봐요."

여주인은 애교 섞인 눈망울과 똑 부러지는 말투로 차근차근 설명했다. 아이를 위해 들어선 공간에서 정작 자신들이 아이처럼 귀여움을 받고 있었다.

"마켓을 처음 열겠다고 했을 때도 동네 삼촌들을 먼저 찾아갔죠. 아무래도 골목에 차량이 많을 테고 동네가 조금 시끄러워질 수 있으니까요. 양해를 구하고 싶었어요. 그랬더니 당신들 집 마당에 차를 세우라고 하시면서 다 괜찮다고 하셨어요. 정말 감사했죠."

관계는 일방적인 노력으로 성립되지 않는다. 서로의 삶을 인정하고 받아들이니 자연스럽게 함께 살 수 있다. 서울에서 온 젊은 친구들이 여는 장터는 주민들에게 매우 새롭고 흥미로운 풍경이었다. 문화를 접할 기회가 많지 않은 주민들에게도 한 달에 한 번은 특별한 시간이 되어준 셈이다. 육지인들은 그와 다르게 이곳에서 이국적인 느낌을 받는 것 같다고 여주인은 덧붙였다. 인터뷰를 위해 찾아간 날이 장날은 아니었지만 카페에는 주인 부부의 성향이 고스란히 묻어난 물건과 작품이 곳곳에 놓여 있었다.

"아이를 위해 내려와서인지 모든 것이 동화스러워요."

연신 기분이 좋아 말했다.

"서울에서 카페를 할 때도 그랬어요. 당시의 시작은 우연이었지만 시간이 지날수록 아이스러움을 좇는 것 같아요. 예술도 그렇잖아요. 이 동네 아이들은 아무렇지 않게

'나 연주할게. 넌 전시해봐'라고 말해요. 아이들이 공감하고 이해할 수 있는 예술이죠. 아트 마켓도 마찬가지예요. 어렵거나 난해한 작품들은 아무리 의미가 훌륭하고 멋져 보여도 들어올 수 없죠. 이곳은 아이들과 어른 모두를 위한 공간이고 싶어요."

주인의 생각이 내 생각이었다. 아무런 사심 없는 아이들의 눈에 맞는 작품, 그것이 자연에 그토록 잘 어울린다. 주인은 거기에 제주라는 지역적 특성을 더하고 싶었다. 그래서 반짝반짝착한가게는 작품과 지역 농산품이 접목되고, 나눠 쓰고 바꿔 쓰는 벼룩시장의 성격도 지닌다. 반응은 성공적이었고 발전은 지속되고 있다. 심지어 홍대 밴드들이 사비로 들어와서 공연을 하고 지역에 거주하는 유명인들이 물건을 내놓고 있다. 일이 너무 커져서 힘들지는 않은지 걱정스레 물었다.

"저희는 지칠 만큼 막 내달리지 않아요. 둘 다 스트레스를 못 견디죠. 제주에 온 이유가 그렇잖아요. 마켓은 한 달에 딱 한 번이고 준비 기간까지 열흘 정도 에너지를 쏟으면 돼요. 그 과정은 힘든 일이 아니라 우리를 정화시켜주는 시간이죠. 누구와 경쟁하는 것이 아니고 비교 대상도 없으니 우리의 속도대로 재미있게 진행하고 있어요. 동참해준 분들께 감사하면서 판을 열고 장소를 제공하는 것뿐이에요."

# 행복의 기준을 아는
# 여자와 남자

꽃을 좋아하는 그녀는 봄에 태어난 그를 만났다. 어느덧 아이는 둘, 일상의 소소한 문제는 차치하고 완벽해 보이는 모습으로 자연 속에 머물고 있다. 사람을 불러 모으는 힘은 천성이 아닐지도 모른다. 후천적인 부단한 노력으로 자신들의 삶을 행복 속에 유지시키는 것일 테다.

"제주 농가의 어르신들은 아픈 기억이 하나쯤 있으시더라고요. 처음에는 거절도 많이 받았어요. 사실 우리가 생각하는 것보다 훨씬 많은 액수의 수익을 내는 분도 많은데, 우리가 마켓을 통해 소비자에게 팔려고 하는 것은 큰돈이 되지 않거든요. 그러니 돈도 안 되는 일에 힘 빼는 것처럼 보였을 수도 있겠더라고요. 그래도 포기하고 싶지 않았어요. 농가에 직접 가서 작업도 보고 확실하다고 믿어지는 물건을 들이고 싶었거든요. 큰돈은 되지 않아도 이분들의 좋은 농산품을 지속적으로 육지인들에게 전하면 좋겠다는 생각을 버릴 수 없었어요."

모르는 누군가의 삶에 들어가는 것은 쉬운 일이 아니다. 한두 번의 거절에 마음을 굳건히 다지는 일도 꽤나 힘들었을 터다. 역시 노력은 빛이 난다. 이런 즐거운 판이 펼쳐진 것이 반짝이는 그들의 아이디어 덕분이기도 하지만, 제주에 스며들어 주민으로서의 몫을 다해 동네 발전에 도움이 되고자 했던 노력의 빛이기도 하다. 유행처럼 늘어나는 마켓이 있음에도 하루하나의 아트 마켓이 주목받는 이유를 물었다. 역시나 그녀는 다소 부끄러워하며 고개를 살며시 갸우뚱거렸다.

"글쎄요? 왜 좋아해주시지? 제 입으로 말하기가 정말 부끄럽네요. 혹시 그것 때문 아닐까요. 소통이요. 진심을 소

통하는 어떤 계기를 여기 오시는 분들은 늘 필요로 했던 거 같아요. 마음을 열고 자신들의 이야기를 뱉어내고 주고받을 수 있는 공간이 되어주는 것이 아닐까요."

그녀는 쑥스러운 듯 말끝을 흐렸지만, 나는 그 말에 충분히 동의할 수 있었다. 진심을 나눌 수 있는 사람에 대한 그리움은 혼자이기를 자처하는 나 역시 늘 갖고 있으니 말이다. 인사를 나누고 하루하나를 떠나려는데 그녀가 분주하게 정원을 오고 갔다.

"라벤더 좀 차에 두시라고요."

아이와 함께 잘라준 허브 향이 아직도 차 안에 맴돈다. 향기롭다. 아주 잠시 나의 눈이 반짝였다.

# 그 마켓에 그 물건



반짝반짝착한가게의 물건은 생활 아트 작품과 지역 농산품을 이용한 2차 생산품, 구제품 등이다. 아이템이 겹치지 않게 조율하는 것 외에 특별한 참가 제한과 참가비는 없다. 그때그때 테마는 달라진다. 매달 새로운 마켓이기도 한 것이다. 이국적 분위기가 콘셉트일 때는 프랑스인 거리 예술가의 공연이 펼쳐지고, 국제학교 외국인 교사가 만드는 영국식 소시지를 팔기도 한다. 유명 연예인이 사용하던 중고물품을 가져와 팔고 수익금을 전액 기부한다던지, 현대미술 작가들의 작품을 기증 받아 경매로 판매한 수익금을 기부하기도 한다. 바다 쓰레기로 업사이클링 작업을 하는 작가, 제주에서 구한 재료로 만드는 목공예 작가 등 참여 작가의 분야도 다양하다. 반짝반짝 착하다는 것은 판매자나 소비자 모두 동일하다. 공연 기부자들 또한 마찬가지다.

곧 인터넷 공간에서도 하루하나의 반짝반짝착한가게를 만날 수 있게 된다. 제주산 친환경 유기농 제품 생산자들과 육지의 소비자들을 연결해 주는 인터넷 쇼핑몰을 계획 중이다. 우리 집 식탁 위에 하루 하나쯤 제주를 올려놓자는 깊은 의미가 담겨 있다. 하루하나의 마켓에 참여하지 못하는 사람들을 위한, 주인의 반짝이고 착한 마음이 담겨있다.

# —놀맨닷컴의 플리마켓

영국 철학자이자 경제학자인 존 스튜어트 밀은 말했다.
우리가 흔히 알고 있는 '배부른 돼지보다 배고픈 소크라테스가 낫다'는 말이다.
원문은 '배부른 돼지보다는 배고픈 인간이 되는 것이 낫고,
만족스러운 바보가 되기보다는 불만족스러운 소크라테스가 되는 것이 낫다'이다.
이 말을 듣고 배부른 소크라테스가 되겠다고 생각했다.
아직까지는 소크라테스가 된 것도, 배가 부르지도 못하다.
그런데 그렇게 사는 사람을 만나고 말았다.
자신은 아니라고 했지만, 그는 철학자이거나 예술가가 맞다.
그것도 적당히 배부른.

## 어쩌다 시작된
## 라면집의 플리마켓

버려진 듯 방치된 공간, 대나무숲으로 둘러싸여 있어서 그 안에 집이 있는 줄도 몰랐다. 팔지도 빌려주지도 않겠다는 주인을 조르고 졸라 자리를 잡았다.

전기며 수도도 없는 집에서 홀로 먹고 자면서 6개월간의 사투 끝에 지금의 공간으로 꾸몄다. 할 줄 아는 거라고는 바다에서 생물을 잡는 것. 뭘 할까 생각하다 라면에 넣었을 뿐이다. 당시는 주변에 사람은 물론 아무것도 없었다. 매출이 있을 리 만무했으니 하루에 열 그릇도 안 나가는 날이 수두룩했다. 지금은 명실공히 유명 라면집이 되었고, 제주에서 꼭 먹어봐야 할 음식 중 하나로 꼽히고 있다. '적게 벌고 잘 살자'라는 다큐멘터리에 출연하고 예능 프로그램에 소개되면서 더욱 유명해졌다.

공식적으로 플리마켓을 연 것은 2013년 6월 6일이지만, 라면 장사를 시작할 때부터 가게 구석에 중고물건을 가져다 놓았다. 살 사람 있으면 사라는 식이었다. 그러다 물

— **동네 애월로1길**(애월리)

애월읍 애월리에 숨은 듯 있는 손바닥만 한 작은 해변은 한담해변이다. 어른 둘이 가로로 누우면 끝날 만한 작은 해변이지만 그 주변은 늘 사람들로 북적인다. 복잡한 동네로 변모하는 데 놀맨이라는 라면 가게가 한몫했고, 그 앞 게스트하우스 봄날이 힘을 더했다. 주민들은 외지인이 많이 찾아와 새로운 볼거리가 있어 좋았지만, 갈수록 그 수가 많아져 지금은 조금 힘들어하는 상황이다. 주차 차량이 늘고 인파도 끊임이 없기 때문이다. 주민이 살고 있을 동네 골목 안으로 들어갈 때는 관광객으로서의 예의를 가지고 가는 것이 어떨지.

— **마켓 놀맨닷컴의 플리마켓**

놀맨은 라면집이다. 국물이 끝내줘요. 해물라면이다. 초창기에는 그날그날 바다에서 직접 잡은 해산물을 넣었다. 지금은 라면의 수요가 어마어마해서 바다보다 시장을 이용하는 편이다. 그래도 여전히 바닷속을 들어가고 들고 나올 만큼 해산물을 잡아온다. 어느 날 운이 좋으면 문어나 전복 같은 것을 잡아다 스리슬쩍 집어넣은 행운의 라면을 만날 수도 있다. 그런 라면집에 한 달에 한 번 플리마켓이 열린다. 놀맨의 사상 그대로 자유롭다. 몇 명이 와서 자리를 잡을지, 어떤 물건을 가지고 올지는 라면에 들어가는 해산물만큼 그때그때 달라요. 그래도 한 가지, 자유로운 사상과 자연스러움을 좇는 예술적 감각을 지닌 물건과 작가들이 찾아온다는 점은 변하지 않을 것이다.

**주소** 제주시 애월읍 애월로1길 24 **전화** 064-799-3332
**장날** 달과 날이 같은 숫자인 날

건을 들고 오는 사람이 늘었고 오가는 이들이 관심을 보이기 시작했다. 날짜를 정해 플리마켓을 운영하자니 틀에 박히는 것이 싫어, 달과 날이 같은 날로 정하게 되었다.

"놀맨의 쉬는 날도 그래요. 2일, 7일 장날에 맞추는 거요. 장에 가서 막걸리도 한잔해야 하는 이유도 있지만, 장날에 맞추면 쉬는 요일이 매번 바뀌잖아요. 그래서 우리는 월화수목금토일에 놀 수 있죠. 플리마켓도 마찬가지고요."

"어떻게든 신 나게 놀아보려고 머리 많이 쓰시네요."

나는 재미있어 죽겠다는 표정으로 말했다. 내가 추구하는 일상과 그리도 비슷한지 반갑기도 하고, 높은 수익률로 연결되는 것이 신기했다.

"한번은… 아니에요. 너무 상업적이지만 않았으면 해요. 대놓고 '오지 마세요' 할 수는 없지만요."

플리마켓에 참여하는 사람들에 대해 물으니 그는 뭔가를 말하려다 말았다. 주인이 직장 생활을 하지 않았던 이유가 그저 놀고 싶어서만은 아니었다. '부'라는 것이 항상 한쪽으로만 흐르는 것 같아 아예 하고 싶지 않다는 생각을 하게 된 것도 있다. 한마디로 일하기 싫어하는 것이 아니라 하고 싶은 것만 하고 사는 것이었다. 그것이 주인이 생각하는 자연스러움이다. 그리고 내 생각도 그러하다. 하고 싶은 것만 하고 사

는 것은 무모한 일이 아니다.

플리마켓에 공간을 내어주는 주인의 생각이 그러하다 보니, 이곳에서 물건을 파는 사람들 역시 마찬가지다. 관광객이 북적이는 유명 맛집이라 큰 수익을 기대하고 찾아오면 맥이 빠질 수 있다. 유명한 것은 플리마켓이 아니라 놀매의 라면이기 때문이다. 그렇다면 부는 라면집으로만 모이는 것이 아닐까 생각할 수 있다. 하지만 그건 놀맨이 이루어 놓은 결과이다. 더욱이 놀맨라면은 하루에 일정량만 판매하기 때문에 과한 수익을 목적으로 하지 않는다.

그 공간에서 한 달에 한 번 좋아하는 사람들의 얼굴을 보고 다소 폐쇄적인 제주라는 곳에서 사람 냄새를 맡을 수 있는 열린 공간을 지향할 뿐이다. 조금 더 깊게는 그렇게라도 제주에서 활동하는 자신의 존재를 확인하고 싶은 마음도 있다. 판매자들은 물건에 집중하면서도 그날의 분위기와 순간을 즐긴다. 축제에 온 듯 먹고 마시고 한판 잘 노는 것이다. 생각해보라. 그곳에서 물건을 팔겠다며 호객행위를 한다던가, 많은 물건을 펼쳐놓는 넓은 자리를 차지하는 등의 풍경이 어울리겠는가. 판매자의 수가 많지 않고 그들이 들고 온 물건이 다양하지 않다는 것도 그런 이유 때문이다. 그런 분위기가 좋으면 다시 찾을 테고, 안 맞으면 안 오면 그뿐이다. 놀맨의 정신에 맞게.

# 생산적 놀이에 빠진 남자

어디 보자, 그의 인생을.

"놀았어요."

당연히 돌아올 것이라 생각한 대답을 듣고 함께 웃고 말았다. '뭘 하던 분이세요?' 같은 말도 안 되는 질문으로 대화를 시작하다니. 놀맨은 제주도 말로 놀고 있다는 뜻이다. 제주어가 어렵지만 이 단어만큼은 쉽게 그 의미가 들어온다. 놀다가 놀다가 둘째 아이가 태어나고부터 뭔가 남는 놀이를 해야겠다고 다짐했다. 그전에도 가지고 있던 생각을 현실화시킨 것이다. 우여곡절 끝에 탄생한 놀맨닷컴이라는 공간은 그가 그동안 생각해온 모든 것을 고스란히 담은 그의 놀이터다. 그를 좋아하고 따르고 곁에 머무는 모두를 위한 놀이동산.

"사고 치고 그런 적은 없었어요. 친구들이 저를 보면 잘되거나 망할 거라고 말했죠. 가족이나 주변에서 항상 정상적으로 살라고, 어떻게 좋은 것만 하고 사냐고 했었어요. 난 항상 정상적이었고, 좋은 것만 하고 살 수 있다고 생각했는데 말이죠."

그의 말을 빌리자면, 갖은 고난과 핍박 속에서도 안 벌고 안 쓰는 주의를 고수하며 꾸준히 놀았다고 한다. 바다에는 항상 먹을 것이 있었고, 자신은 안주를 대고, 친구들과 지인들은 술을 가지고 왔다. 낚시를 즐기다가 고기잡이가 시원치 않아 바닷속으로 들어가기 시작한 것도 그맘때이다. 자연의 당연한 생존에 따라 놀았다. 놀맨에는 하늘을 올려다볼 수 있는 화장실이 있다.

"저 자체가 정말 자연스럽더라고요. 해가 있을 때 깨어 있고, 밤이 되면 잠드는 것이 자연스런 거잖아요. 화장실이라는 곳이 그 순리에 따라 낮에는 환하고 밤에는 어두운 것이 좋아요. 하늘의 때에 맞는 거죠. 소리와 향기가 담장을 넘어 주변에 피해가 될까 조심스럽긴 하지만요. 그 긴장감도 꽤나 좋더라고요."

내가 인터뷰를 위해 놀맨을 찾은 날은 놀맨이 공식적으로 노는 날이었다. 그와 그의 직원 둘, 형님까지 딱 네 명이 마당을 지키고 있고, 음악 소리도 크지 않았다. 궁금해 미칠 지경이었지만, 화장실 사용은 잠시 보류하고 돌아 나왔다. 며칠 뒤 플리마켓에 맞춰 다시 놀맨을 찾았고 화장실로 향했다. 음악 소리는 내가 화장실에서 고함을 쳐도 담을 넘지 않을 정도로 크게 울렸다. 환하게 내보이는 하늘이 시원했다. 그리고 일을 시작하려는 찰나, 노래가 끝나서 다음 노래가 재생되기까지 몇 초의 침묵. 그제야 그가 말한 긴장감을 온몸으로 체험했다. 혼자 한참을 히죽거렸다.

# 그 마켓에 그 물건
## 놀맨닷컴의 플리마켓

아티스트들의 모임 같다. 자신들의 작업 도구를 펼쳐놓고 작업 중이다. 나무 액자를 만드는 작가, 스케치 엽서를 만드는 작가, 실을 꼬아 팔찌를 만드는 작가도 있고 중고품을 파는 사람, 음료를 만드는 사람도 있다. 놀맨에서는 주류만 판다. 놀맨으로 라면 먹으러 온 사람들이 플리마켓이 열리는 줄 모르고 왔다가 구경하고, 판매를 하러 와서 열심히 작업 중인 작가들은 또 그런 사람들을 구경한다. 옆에 놓인 돈통이 아니라면 누가 파는 사람이고 누가 사는 사람인지 구별이 힘들다. 다만 판매자들의 꾸밈새는 관광객이 아닌 현지인 혹은 예술적 일을 하는 사람처럼 보인다. 바로 앞에 보이는 해변, 돌담, 그 위의 물건 혹은 작품들, 라면과 해물, 화장실 향, 쩌렁쩌렁 울리는 음악, 맥주를 손에 든 멋진 외국인, 후루룩, 해물 껍데기를 통에 넣는 소리, 199번이요, 두 시간 만에 건네는 6천 원. 모든 것이 자유롭게 자연스럽게 펼쳐진 놀맨의 플리마켓 쇼타임!

# _벨롱장

늘 자유롭다고 생각하지만, 단 한번도 자유롭지 못했다.
이유인즉, 사람이니까.
죽음 앞에서 자유롭지도 못하고 경제적 문제에서 벗어날 수도 없다.
부모와 형제를 저버릴 수 없고 대인관계에서 도망칠 수도 없다.
입맛이 없어도 밥을 먹어야 하고 자고 싶어도 깨어야 하며 깨고 싶어도 자야만 한다.
지구를 돌고 돌아도 늘 제자리로 돌아와야 하고
지구 밖 우주로의 여정은 이번 생에 가능할지 의문이다.
욕구를 풀어줘야 하고 만족을 가장해야 하고
슬픔을 억눌러야 하며 기쁨을 자제해야 한다.
자유, 불가능하다. 그래도 가능한 범위 내에서 항상 자유를 꿈꾼다.
적어도 그럴 수 있도록 생각하고 움직이고 싶다.
벨롱장의 그들처럼, 이 범위 안에서라도.

## 우리를 위한 당신의 자유

판매가 목적이 아닌 사람에게서 물건을 사본 적이 있는가. 그들의 자존감, 당당함, 주변에서 뿜어져 나오는 자유의 아우라. 벨롱장에 들어서며 수많은 사람이 모여 있는 것에 잠시 놀랐다. 그들은 가지고 나온 물건을 모두 팔겠다는 것에 목적을 두지 않았다. 그리고 곧, 부러웠다. 그들의 자유로움이 눈물겹게 자연스러웠기 때문이다. 자유는 많은 것들로부터의 벗어남이다. 오롯이 나 스스로에게 집중하고 자신이 원하는 대로 결정하고 실행하는 것이다. 주변의 시선이나 사회적 규약에 제약을 받지 않는다는 것 역시, 자유가 가지고 있는 단면이다.

하지만 간과하지 말아야 할 것이 있다. 자유는 타인에게 피해를 주어서는 안 된다. 나도 당신도 자유롭게 공존할 수 있는 것은 어쩌면 이상일지도 모른다. 그래도 우리는 노력해야 한다. 나의 자유로움을 이해시키는 것이 아닌, 나의 자유를 지키기 위해 타인의 자유를 인정해야 한다. 서로의 경계를 지켜주는 것만이 자신의 자유를 현실화할 수 있다. 한 달에 두 번, 반짝하고 모여 알록달록한 빛깔을 펼치는 벨롱장의 풍경이 그러하다. 역사를 지닌 장터가 아닌 새로움으로 똘똘 뭉친 청춘의 장터다. 해안로에서 모이기 시작하고 장을 열고 꾸준히 자리를 지켜내고 있는 이들은 서로의 자유

— 동네 **해맞이해안로**(세화리)

구좌읍은 서귀포시와 제주시 경계 면에 위치한 미을이다. 그 안에 구 주소명인 세화리는 비자림 숲에서부터 세화항구까지 기다란 모양의 지역이다. 벨롱장과 세화오일장이 열리는 해맞이해안로는 세화항구 옆이다. 수평선 끝에 보이는 우도에서 불어오는 바닷바람이 시원하다. 세화오일장에 피해를 주지 않기 위해 조금 떨어진 곳에 벨롱장이 서면서, 다른 지역 사람들의 발걸음마저 끌고 있다. 서로의 경계를 침범하지 않고 공존할 수 있는 다른 듯 닮은 두 곳의 장터. 상부상조는 이런 상황에서 하는 말이다.

— 마켓 **벨롱장**

**주소** 제주도 구좌읍 해맞이해안로 1412 세화해수욕장
**장날** 매월 5일, 20일 11:00~13:00
    * 세화오일장의 장날: 매월 5일, 10일 8:00~15:00

를 존중하는 방법을 알고 있다.

아마도 제주라는 장소적 환경 덕분이기도 하리라. 제주의 바람은 육지의 그것보다 더 자유로이 공기 속을 떠돌고, 파도 역시 자연에 맞춰 해변을 오고 간다. 제주, 누구나 꿈꾸는 자유의 이상향이다. 제주에서 나고 자란 도민은 섬이라는 고립된 곳에서 자신들의 개성을 살리고 서로의 경계를 지키면서 공유했다. 일례로, 결혼한 자식 내외와 한집에 살면서도 각자의 부엌이 있고 식사를 따로 하는 도민들의 전통적인 생활 방식이 제주도민이 지닌 자유의 방식을 말해준다. 많은 이민자들은 대한민국이라는 땅에서 자신들의 자유를 찾아 제주로 흘러 들어왔다.

벨롱장의 첫걸음은 몇몇 이주민의 모임이었다. 당시는 이름도 없이, 그저 얼굴 한 번 보자는 뜻에서 모이게 되었다. 제주에는 오일시장터가 따로 있을 정도로 오일장이 잘 유지되어 있다. 장터에서 장을 보고 동네 이웃들을 만날 수 있다. 젊은 이주민들 역시 그 시간을 사용하고 싶었다. 어쩌면 이주민 혹은 육지인이라는 타이틀에서

벗어나 도민들과 함께 어울리고 싶었으리라. 품목은 달라도 어찌되었건 기존의 장터에 피해를 줄 수는 없을 터, 벨롱장이 열리는 바다 앞 장소 역시 그런 이유로 선택되었다.

그리고 이름. 제주어로 뱅롱은 깜빡이다. '깜빡'이라는 단어가 주는 여러 의미 중에 '눈동자를 깜빡이다'를 생각했다. 그만큼 짧게 운영되고 사라지기 때문이었다. 그러다 또 알게 된 단어, 벨롱. 이 말은 제주어로 반짝이라는 뜻과 알록달록하다는 의미를 동시에 가지고 있었다. 그래서 이름에 'ㅔ'를 붙인 벨롱이 되었다. 시간이 흐르면서 하나둘씩 반짝하고 떠오르는 알록달록한 색색의 아이디어로 조금씩 변화하고 성장하며 유명해지고 있다. 어떠한 제약 없이 누구나 참여할 수 있는 벨롱장에서 자유로이 물건과 사람이 함께 교류되고, 자유로움을 한껏 뽐내고 있는 신세기 장터이다. 바다를 바라보며 그 안에 머무는 동안 자유에 흠뻑 취해 있는 나를 만났다.

그, 자유로움.

무언가 정확한 기획에 맞춰 형성된 장터가 아니다. 시작부터 지금까지 하나씩 해나가면서 필요한 것들을 채워 나가는 형태이다. 초창기에는 벼룩시장이라 생각될 만큼 구제품이 많았다. 여전히 발전 단계에 있지만, 지금은 각자의 매력을 지닌 물건이 더 많이 자리한다. 하다 보니 좋은 일도 하면 어떨까. 하고 초기 멤버들은 생각했다. 그런 의도에서 마련한 것이 벨롱기부. 장터에 나온 판매자들로부터 약간의 물건을 협찬받고, 그 물건을 판매한 수익금은 전액 기부한다. 벨롱장 자체의 즐거움도 있지만 앞으로의 행보가 더욱 궁금해지는 이유이기도 하다.

### 이름도 개성 만점이다.

장터마다 나오는 판매자는 바뀌지만 눈에 띄는 몇 곳을 적어볼까 한다. 재주도 좋아, 바라던바다, 오기니으리, 별일없는 사진관, 못된문방구, 아내의 텃밭, 신촌댁네 수제간식, 베키짱베키빵빵, 카제, 방림봉봉, 그리다 사랑하는 마음으로 간절히 생각하다, 찬타&제이's, 신리니, 춤추는 물방울, 니아, 뭉치네, 랑랑's 소소한 작업실, 구좌상회, 풍림다방, 조천댁, 동네, 도예시선, 솔나라옷장이야기, 여누주누, 도르가아줌마, 왓집, 달달레시피, 스트렌지살롱 등등.

이름만큼 개성 강한 물건들은 또 어떠한가. 종류를 보기 전에 유심히 살펴볼 것이 있다. 바로 한정수량이다. 물건이 팔릴지 안 팔릴지 알 수 없어서 조금만 해오고 시험 삼아 펼쳐놓은 것은 아니다. 대체로 그만큼만 만들 수 있는 진짜 수제품이기 때문이다. 재료로 사용되는 풀 한 포기, 돌 하나, 꿀 한 통은 장이 열리는 그 기간 안에 딱 고만큼만 구할 수 있다. 떼돈을 버는 것이 목적이 아니기 때문에 풀의 씨를 말릴 만큼 과하게 뽑지 않고, 들고 나는 파도가 길을 잃을까 대부분의 돌을 그대로 놓아둔다. 꿀을 따오는 벌들의 수고로움을 알고 그것을 지키는 것

이 자신도 살 수 있는 것임을 알기에 적당한 양의 꿀을 빌려온다. 그래서 탄생한 물건들. 벨롱장의 것들은 자연을 닮았고, 다른 존재를 지켜주는 자유를 담고 있다.

### 그들의 패션도 자유의 바람에 한몫한다.

맨발은 기본인 듯. 인디풍 바지에 구제 티셔츠, 연예인만 하는 줄 알았던 머리 모양, 주렁주렁한 액세서리, 자꾸만 눈이 가는 문신까지. 특이해 보이고 싶어서가 아니라, 그것이 그저 편하고 좋아서일 뿐인 모양새다. 이곳에 구경 나온 혹은 물건을 사러 온 사람들 역시 자유로운 몸짓으로 변신한다. 아무 곳에나 걸터앉고 아무하고나 얘기하고 그저 먼 허공으로 눈길을 던진다. 다른 사람이 나를 어떻게 볼지 눈알을 굴리지도 않고 공간을 공유하며 자신의 공기를 더 많이 마셨다며 눈살을 찌푸리지 않는다. 그들은 그렇게 자유로이 자유를 만끽한다. 어느 누구도 피해를 주지도 피해를 입었다고 생각하지 않으니 무슨 상관인가. 하고 싶은 대로 하면 그만인 것을.

느끼고 싶다면 5일과 20일, 구좌읍 세화 벨롱장. 한 가지 더 추천하고 싶은 것은 벨롱장이 열리는 이곳에서 멀지 않은 세화오일장터다. 안 보면 후회할지 모른다. 시간도 그리 오래 걸리지도 않는다. 바다를 보고 앉아서 제주 음식을 맛볼 수 있다. 자, 해안 끝으로 걸어가자. 바다에 한눈팔려 얼마 걷지 않은 듯싶을 즈음, 제주 전통 시장과 마주할 수 있다. 그리고 들어가면 된다.

하나 더 당부하자면, 주차가 어렵다고 인상 쓰지 말길. 일부러 피해를 주기 위해 거기에 차를 세우는 것이 아니다. 그도 당신과 마찬가지로 제주의 자유를 느끼고 싶을 뿐이니 조금씩 양보하자.

# INDEX

# 우리 동네 슈퍼! 마켓!

**초판 1쇄 발행** 2014년 10월 20일
**초판 2쇄 발행** 2019년  1월 30일

**지은이** 김애진

**발행인** 이재진
**단행본사업본부장** 김정현  **편집주간** 신동해
**마케팅** 이현은 최혜진  **국제업무** 최아림 박나리
**제작** 류정옥  **교정교열** 홍주연  **디자인** 정해진 www.onmypaper.com

**브랜드** 봄엔
**주소** 경기도 파주시 회동길 20
**주문전화** 02-3670-1595  **팩스** 031-949-0817
**문의전화** 031-956-7567(마케팅)
**홈페이지** www.wjbooks.co.kr
**페이스북** www.facebook.com/wjbook
**포스트** post.naver.com/wj_booking

**발행처** ㈜웅진씽크빅  **출판신고** 1980년 3월 29일 제406-2007-000046호

©2014 김애진(저작권자와 맺은 특약에 따라 검인을 생략합니다)
ISBN 978-89-01-16636-0 13980